张辉 著

闽作

明清家具研究

下

MINZUO MINGQING JIAJU YANJIU

中国林业出版社

第五章

案 类

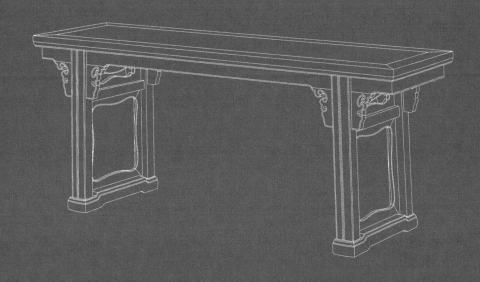

案类包括夹头榫案、插肩榫案、平肩榫案、替木牙头案、架几案、炕案等。

第一节 夹头榫案式

夹头榫案是明清家具案子中最常见的式样，其结构科学，制作方便，可分为光素直牙头型、螭凤纹直牙头型、螭龙纹直牙头型、草叶式双牙纹型和双牙云纹型、卷云纹牙头型、钩云纹牙头型、多弧线牙头型。

一、光素直牙头型

直牙头平头案从宋代就开始广泛使用，为大漆柴木制作。明晚期，家具匠师按照旧有的直牙头平头案式样，制作了黄花梨案子、紫檀案子。此后，它一直有所生产。其器型的主流发展趋势是变化的。它们在"观赏面不断加大法则"下，不断增加新的纹饰、构件等元素。但另一方面，此样式也有个别案例，基本保留了原始式样，清早期以后仍有较原始式样的继续制作。

案子四腿上端内收，下端外撇，称为"侧脚"或"有拖度"。正面和侧面均有拖度，称为"四脚八拖"。北方匠师称案子正面有拖度为"跑马拖"，侧面有拖度为"骑马拖"。器物腿部有拖度，给人一种稳定而优雅的感受。一般而言，在各类大小案子上，两腿上端之间的距离与腿下端的距离之差是有一定规矩的。案子越长，前述尺寸之差越小，小案子的尺寸之差反倒大。长一米左右的案子两腿下端距离要大于上端距离六七厘米，而长二三米的案子腿子上下距离的尺寸之差则在四五厘米。这些规律性的数据可称为明式家具的"黄金尺度"。

明代万历年间的版画对直牙头平头案有所表现，如：《荆钗记》版画插图中的直牙头平头案（图5-1）、继志斋刻本《双鱼记》版画插图中的直牙头食案（图5-2）。后者形象地表现出三人于平头案上饮食的场景。

图5-1 明万历 《荆钗记》版画插图中的直牙头平头案

图5-2 明万历 继志斋刻本《双鱼记》版画插图的直牙头平头案

1. 黄花梨直牙头平头案

黄花梨直牙头平头案（图5-3）特点：

（1）案面由大边和抹头攒框而成，直牙头与直牙板两木水平相接（图5-3-1），而且无任何起线装饰。这种直牙板直牙头形式被俗称为"刀子牙板"。

（2）前后两腿间有两根直枨。

（3）四腿挓度较大。全身无饰，但颇有气势。

此式样案在闽作家具、苏作家具中均有制作。

此类器物是"刀子牙板平头案"的一种标准式样，但不能说它是"标准器"。"标准器"一词是一个考古学、文物学专有学术名词，又称为"标型器"，一般是指有确切纪年的器物。其"标准"专指"年代的标准"，核心是确定的纪年。像此器这种代表性的式样，不妨称之为"典型器"。

一般来说，牙头与牙板一木连做的案子年代较早。究其原因，是从宋代至明代，柴木案子多取牙头牙板一木连做形式，早期黄花梨平头案也带有柴木直牙头平头案的这种特征。后来，因一木连做的做法过于耗费材料，便有了牙头与牙板两木水平相接的做法。再后来，又有了牙头与牙板格角相接的式样。

图5-3-1 黄花梨直牙头平头案牙头与牙板两木水平相接处

图5-3 明末清初 黄花梨直牙头平头案
长200.5厘米，宽73厘米，高82厘米
（选自《风华再现：明清家具收藏展》，1999）

2. 黄花梨直牙头梯子枨平头案

黄花梨直牙头梯子枨平头案（图5-4）特点：

（1）牙头与牙板格角交接（图5-4-1），相对于前例牙头与牙板上下平接的形式（图5-3-1），这是较晚出现的式样。格角交接的牙头背面以两根榫头纳入牙板上部的大边，结构部件上下左右互相制约，复杂牢固，难以脱落。这种进步意味着此器出现的年代较"牙头与牙板一木连做"和"牙头与牙板水平相接"的做法更晚。

（2）侧面两条横枨（俗称"梯子枨"）为竖扁圆形，这是规范的"梯子枨"的做法。

此黄花梨直牙头梯子枨平头案器型规整，结构科学，边抹、牙板、牙头、圆腿各部分比例合理。

此式样案在闽作家具、苏作家具中均有制作。

图5-4-1　黄花梨直牙头梯子枨平头案的牙板与牙头格角相交处

图5-4　明末清初　黄花梨直牙头梯子枨平头案
长172厘米，宽46.5厘米，高82.7厘米
（中贸圣佳国际拍卖有限公司，2016年秋季）

3．黄花梨直牙头起线平头案

黄花梨直牙头起线平头案（图5-5）特点：

（1）案面攒框装独板，材质优良。直牙头与直牙板格角相交（图5-5-1），相交处曲线圆润舒展。

（2）整体造型与上例黄花梨直牙头梯子枨平头案（图5-4）相近，但本案牙头和牙板均起边线。起线已然对"光素"进行了颠覆，牙头和牙板起线可以视为一种进化，也是一种隐性装饰。

（3）牙头下端变方，更有气势。方牙头适合偏长的案子。

此式样案在闽作家具、苏作家具中均有制作。

图5-5-1　黄花梨直牙头起线平头案牙头与牙板相交处

图5-5　清早期　黄花梨直牙头起线平头案
长171厘米，宽78.3厘米，高83.5厘米
（选自宋捷：《湖州市博物馆藏明清古典家具》，河北教育出版社，2012）

4. 黄花梨直牙头皮条线平头案

黄花梨直牙头皮条线平头案（图5-6）特点：

（1）案面攒框装心板，心板两拼。

（2）边抹面沿上半部平直，下半部起四层阳线，层层内收。牙头、牙板边沿饰以宽皮条线（图5-6-1），线上打洼，线外侧又饰捏角线。

（3）腿足方料为之，其面圆混。中间为两炷香线脚，其两侧混面中各饰一条阳线，外缘各有两条线脚排列，节奏感令人愉悦。

（4）前后腿间的双枨为长方形。

此案展示了线脚对光素器物的装饰价值。此外，它在光素与装饰、混面与方料之间的关系处理上，也卓有成就。此案充分地利用线脚、构件的线条变化，这是明式家具上与雕刻工艺一直并行的装饰手段，代表着明式家具的另一种审美倾向。此例直牙头平头案全身无雕刻，但繁多的线脚表明其年代偏晚，为清早期之物。同时期的明式家具常常是雕有图案的，而这些没有图案雕刻的家具，属于明式家具"第三条发展轨迹"上的作品。

此款式案为闽苏两地共有，如属闽作家具，则多见于福州地区。

图5-6-1 黄花梨直牙头皮条线平头案牙头牙板上的打洼宽皮条线

图5-6 清早中期 黄花梨直牙头皮条线平头案
长220厘米，宽71.1厘米，高85.1厘米
（佳士得纽约有限公司，2015年3月）

在明式家具发展历史中，呈现出"一主二辅"的三条发展脉络，可以称为三条发展轨迹。历史发展不是单一线性的，器物发展也非单一线性的。

"第一条发展轨迹"上的家具是主流性器物。其在"观赏面不断加大法则"内在驱动下，构件和纹饰不断增衍。发展轨迹是由明晚期、明末清初的光素发展为清早期的纹饰雕刻，新式样和新雕饰不断出现。这条发展轨迹上的器物可以基本有序地进行器物排队，其式样的基本排列构成了明式家具发展的主流轨迹。

"第二条发展轨迹"上的家具是少数的、非主流的器物。主要指到清早期，规避了纹饰雕刻工艺，不使用雕花师参与的某些家具。它们在大形态上有所创新，营造新的视觉艺术，呈现别样的样貌。例如：黄花梨直牙头皮条线平头案（图5-6）、黄花梨加屉小平头案（图5-7）。

"第三条发展轨迹"上的家具也是少数的、非典型的家具。它们在清早期乃至以后，保留了旧式样的大框架，没有多少变化和进化。但是，它们会在其细部上出现新时期的小符号，有偏晚的时代特征，在局部构件的形态上带有新时期的烙印。例如黄花梨直牙头皮条线平头案（图5-6）。这些细部上所带的新时期特点成为鉴定其年代的标志。各时代都有这种带上"新时期"小细节特征的"旧式样"家具，在各类家具中也都存在。而且越是在常规的、使用量大的类别中，这个现象越突出，尤其是小器型家具，如官皮箱、提盒、镜架等。

还有几个要点需要表述：

（1）明式家具上，纹饰雕饰是一个姗姗来迟的后来者。有纹饰雕饰的家具是清早期之后的产物。但是，反过来讲，并非全部产于清代的明式家具都有雕饰纹饰。

（2）原初形态的光素的明式家具的制作时代为明晚期。此类家具有严格的限定：它一定是某类式样的原初形态，如果任何地方带有变异的"细节符号"，或大的形态上和个别构件略有增加，便可视为渐变作品，其年代肯定看晚。

（3）明式家具"第三条发展轨迹"上的作品，尽管大式样尚未多变，基本款式非新样式，但其身上出现了新时期的小符号。这些小符号其实喻明其年代已变，可视其为清早期或更晚之物。

在这里，可以重申考古学家的话："必须特别注意到，各种器别的演化轨道，不一定只有一条。一个器别，可能同时存在两个或两个以上的形态，各有各的演化轨道。有时，某个器别开始时只有一条变化轨道，后来则分化为两条甚至更多的变化轨道。[1]"各类明式家具的发展也并非是一刀切式地齐头并进，而是有主流形态，也有非主流式样，分路而进的。

---

[1] 俞伟超：《考古学是什么》，中国社会科学出版社，1996。

5. 黄花梨加屉小平头案

黄花梨加屉小平头案（图5-7）特点：

（1）案面攒框，中嵌心板。

（2）直牙头上下拐角圆润优美。直牙头与直牙板格角相交。

（3）四条圆腿中上部置四根横枨攒框，中嵌屉层。本案屉层呈落堂式，晚于平镶式做法。

此式样案在闽作家具、苏作家具中均有制作。

图5-7　清早期　黄花梨加屉小平头案
长61厘米，宽34.5厘米，高72厘米
（中贸圣佳国际拍卖有限公司，2015年秋季）

有论者认为：有屉的黄花梨小平头案是明代人进餐时的用具，名为"酒桌"。明代多人一起用餐时，为每人一桌；若两人一起用餐时，可一同使用一张小桌。清初以后，才出现多人一桌同食的情形。到清中期，全家围桌同食的大圆桌才出现。

其实，综合各种资料看，以上言论难以成立。首先，此论论者并未提供相关史料佐证。其次，如依其言，这种"酒桌"在明代广为使用，其制作量应当极大。相对而言，今天其存世量也应较大。但是，"酒桌"在今天黄花梨家具总遗存中，所占比例并不大，存世量也不多，与进餐时广为使用的家具在数量上不相称，可见当年这种家具的制作量并不多。

另外，从图像资料看，在所有的明万历、崇祯刻本版画插图中，尚未见到相同或相类的"酒桌"家具形象。而在明崇祯版刻本《金瓶梅词话》（图5-8）、明万历版刻本《红拂记》（图5-9）插图中，都有众人围桌吃饭的画面，说明当时并非都是单桌分餐。

图5-8　明崇祯《金瓶梅词话》插图中众人围桌而食的场景　　图5-9　明万历《红拂记》插图中众人围桌而食的场景

二、螭凤纹直牙头型

明晚期，包括直牙头在内的光素构件，主要起到结构上的加固作用。时光流转，至清早期，直牙头上增添了雕饰，被赋予象征寓意和美化作用。由光素到雕饰，是案、桌、几、椅、凳、墩、床、榻、屏、柜橱、架格、箱等器物发展的普遍规律。这一点又可以作为各类别家具发展形态的鉴定依据。

在整理直牙头案子雕饰图案的演变资料时，会发现一个有趣的现象，黄花梨案子的直牙头上凡雕有纹饰者绝大部分都透雕螭凤纹，极个别的浮雕螭龙纹（年代偏晚）。随着明式家具的发展，原先只在结构上起加固作用的牙头，承担起装饰美化和表达寓意的作用，螭凤纹由此出现。此类牙头为直牙头发展而来，可称为螭凤纹直牙头。

黄花梨平头案的牙头与牙板上雕有螭凤纹，标志着在硬木家具出现前已延续了几百年的光素直牙头这一老黄历翻篇了，也标志着明清家具此后数百年牙头变迁之长篇文章开始破题写序了。

早期黄花梨螭凤纹牙头平头案足间仍然多置"梯子枨"，只在原有的牙头上镂出螭凤纹。由此，这种女性符号代表的新意义便明确出现。亦可见螭凤纹是最早突破宋代以来光素直牙头样式的"突击兵"。

螭凤纹牙头让案子从光素直牙头式样走出来，是局部构件上的求变增华。实用工艺品的宿命是纹饰装饰，光素和线脚最终抵挡不了这种命运。

明式家具所有构件及纹饰的不断变化和增加，从匠作内部演变轨迹看，是事物遵循踵事增华、变本加厉、变化演进规则发展的结果。从外部环境作用看，则是明晚期至清中期长达两百余年的社会奢靡风尚的影响。明清之际，社会上层"华缛相高""雕镂涂添""必殚精巧"的奢靡风尚大行其道。同时，明式家具主体为婚嫁家具这种特殊内在属性，也促进激发着明式家具形态的不断变化。

以上三点，可以作为理解明式家具之早、中、晚、末四期式样和纹饰形态变革的基本背景和要素。

托泥为宋代家具上的流行式样，但在明万历年间的出版物（刻本）插画上，难以见到带托泥的案子，可知当时的案桌上少有托泥。在明式家具上，托泥后来又再次出现，代表着明式家具发展到一定时期以后，对这种遥远的旧式有所回归。因为托泥肩负着新的使命，它加强了案体侧面的观赏性，也为今后挡板上新装饰的出现做了铺垫。

探讨各类案子形制的演变及具体器物的制作时间早晚，可注重观察案子的牙头、托泥和挡板细节部位的特征，如直牙头加托泥、螭凤纹牙头加托泥、螭凤纹牙头加云纹挡板、螭凤纹牙头加螭龙纹挡板等组合。

1. 黄花梨螭凤云头纹翘头案

黄花梨螭凤云头纹翘头案（图5-10）特点：

（1）牙头与牙板交汇的三角区上雕螭凤纹（图5-10-1），形态是上下有两个正反向的C形纹饰，其中所含双牙纹形态明显。

（2）挡板上锼壶门式开光，开光中挖直柄如意云头纹（图5-10-2）。

（3）腿足饰密集的线脚。直腿下承托泥。

（4）案面两端有竖直小翘头，与抹头一木连做。

案子越来越大，因为装饰的需要，托泥和挡板出现了，这在此件案子上有所体现。

此式样案在闽作家具、苏作家具中均有制作。

图5-10-1　黄花梨螭凤云头纹翘头案牙头与牙板交汇处的螭凤纹

图5-10-2　黄花梨螭凤云头纹翘头案挡板上的直柄如意云头纹

图5-10　清早期　黄花梨螭凤云头纹翘头案

长215.3厘米，宽46厘米，高82.6厘米

（选自叶承耀：《禅椅琴凳：攻玉山房藏明式黄花梨家具II》，香港中文大学文物馆）

明清时期，购置以黄花梨、紫檀材质为主的明式家具，对任何一个家庭来说都耗资不菲。在男性为主体的传统社会中，作为重要财富和财产象征的硬木家具，为何其上往往雕饰象征女性的螭凤纹、云凤纹呢，这里有什么玄妙？

以往，此问题关注者甚少，不仅在古典家具界，甚至在古代艺术品界，人们对螭凤纹、云凤纹往往都熟视无睹。偶见的对螭凤纹和凤纹含义的解读也往往语焉不详，甚至最经典的明式家具著作也将凤纹简称为花鸟纹。

传说中，凤为百鸟之首，其崇高地位来自远古部落鸟图腾崇拜以及早期古籍对凤的注释。秦汉时期，龙身上附会的神性趋于淡薄，皇权意味增强，如秦始皇自称"祖龙"。传说汉高祖刘邦之母梦中与龙交媾，其怀孕后，刘邦"应龙而生"。此后，三皇五帝的故事也多与龙相附会。

汉代阴阳学说流行，龙凤结合，象征阴阳相合。皇帝以龙自居，称为"真龙天子"。原先"雄曰凤，雌曰凰"之凤变成后妃的象征，引申为女性属性。此后，凤的视觉形态变得越来越阴柔曲美。

通过考察明式家具实例和研究明清生活史，可以认定，凤纹、螭凤纹图案作为女性专指符号，在明式家具上大规模出现，绝不仅是纯粹的装饰，而是与特定的社会风俗、思想意识相关，有独立的历史主题，反映出特殊的寓意或用途。

这里藏有一个密码，那就是这些家具出自女性之家，为女子出嫁时的嫁妆。"陪嫁"又被称作"妆奁"。妆奁本是指古代妇女专用的梳妆盒，"妆"为修饰、打扮之意，"奁"为盛放梳妆用铜镜的器具。奁中放有一面铜镜，所以梳妆匣又称"镜匣""镜奁"。汉代许慎《说文解字》云："奁，镜匣也。"《后汉书·皇后纪·光烈阴皇后》云："视太后镜奁中物，感动悲涕。"李贤注："奁，镜匣也。"北周庾信《镜赋》云："暂设妆奁，还抽镜屉。"奁，作为女子梳妆用镜的匣，是陪嫁时的必备物，故成为嫁妆的同义词。嫁妆又称"妆奁""奁资""妆资"，

为新娘陪嫁财物。相关之"奁田"为陪嫁的田产。

明清婚俗中，许多地方女方嫁妆中含有家具，这是约定俗成的规定。一般人家，嫁妆中起码含有梳妆家具，诸如镜台、闷户橱。闷户橱为梳妆台，俗称"嫁底"。家境厚足者，还陪送衣架、床等；富有者，嫁妆中还包含厅堂家具在内的所有家具。在明清文献中记载，巨富大贵家族可赔送奁田数千亩，陪送全堂家具当然不在话下。女方嫁妆家具上，往往以象征女性的凤纹作为装饰，这是区别于夫家财产的视觉识别符号。它高调地昭示着女方的一种权利，别有意味。

这些有象征意义的符号，表明当时女性不是完全没有话语权的。婚后的女性，尤其是有自己所属财产的已婚女性，在家庭中拥有一定的地位。嫁妆作为新娘私产，在夫家长期属女子所有。嫁妆厚薄显示着女方的财富、家境和社会地位的高下。嫁妆的众寡也意味着新娘在夫家的财产权重的高低，影响着她在夫家地位的尊卑。

因此，家具上的纹饰不仅仅是装饰，更是象征，具有寓意，这反映着当时社会群体的共同意识和文化情景。[1]

螭凤纹以实物实证了久远的历史，陪嫁习俗中，嫁妆器物雕以螭凤纹是女方财产的标识。清早期强大的厚嫁风尚、财产标识和女性权利意识，使这种图案多见于明式家具上。

螭凤纹为云凤纹的一种变体，身尾不似云凤纹那样尾羽飘逸纷扬。它由上下两段、正反相向的C形双牙纹构成。其头取鸟之形象，形态以尖嘴长眼为主流，个别形象为上喙向上圆卷、长眼睛。

大量螭凤纹、子母螭凤纹的存在，为评价当时的女性社会地位提供了一个窗口，一切显赫的图像背后都存在着一套强大的、有形的或无形的社会文化体系。这个文化体系是家具上纹饰产生和变化发展的"幕后操纵者"。在女性社会地位极低的情景中，难以想象大量昂贵的家具上雕有凤纹。明清时期女性的实际生活与古代史中传统的说法之间恐怕存在一定的差距。

---

① 张辉：《明式家具图案研究》，故宫出版社，2017，第17页。

2．鸡翅木灵芝螭凤纹翘头案

鸡翅木灵芝螭凤纹翘头案（图5-11）特点：

（1）案面为独板，两端翘头渐大，与抹头非为一木连做。

（2）牙头与牙板交汇处的三角区雕螭凤纹（图5-11-1），螭凤面部和身上雕转珠纹。凤鸟尖嘴，身尾大S形曲线中含有C形双牙曲线。

（3）足下有落地枨，再下为托泥。托泥正面平直。其上挡板透雕如意灵芝纹（图5-11-2），一大四小。

螭凤纹常常与灵芝纹组合在一起，有其内在的逻辑。那就是在纹饰演化中，灵芝纹含有与螭凤纹同样的含义，代表女性。清中期、清晚期的大灵芝纹使用更加广泛，原因正在于此。

此式样案为闽苏两地共有，苏作家具中制作更多。

图5-11-1　鸡翅木灵芝螭凤纹翘头案牙头与牙板交汇三角区上的螭凤纹

图5-11　清早中期　鸡翅木灵芝螭凤纹翘头案
长179.3厘米，宽44厘米，高88.7厘米
（原美国加州中国古典家具博物馆藏）

图5-11-2　鸡翅木灵芝螭凤
纹翘头案挡板上的灵芝纹

翘头是古代家具最别出心裁的设计，是光素家具所有构件中唯一没有力学功能的
构件，是明式家具上一种特殊的隐形装饰，这点非常重要。它在光素简洁的家具
上有所使用，但更多使用于雕饰繁复的大案上，联二橱、联三橱上也常有翘头。

有一种说法：古人展示绘画手卷时，用翘头阻止手卷从案子两端滑落。这个说法
有待商榷。翘头案有小型的，但更多是大案（最长者三米有余），还有翘头闷户
橱。它们形体笨重，其上日常多摆放固定器物，不适宜展示书画。闷户橱又是功
能明确的嫁底和梳妆用具。更为关键的是，古人展示手卷时是分段观赏的，一手
展示，同时另一手卷起，不是全面铺开的，也就不必以翘头防止手卷的滑落。

而且在大量的明清图画中，未见在翘头案上观赏手卷的画面。那么，翘头的意义
何在呢？

中国古代建筑为大屋顶式，上翘的屋檐称为飞檐翘角。视觉上，它们使屋顶原本
的沉重感得以改善。"这种屋顶全部的曲线及轮廓，上部巍然高耸，檐部如翼轻
展，使本来极无趣、极笨拙的实际部分，成为整个建筑物美丽的冠冕，是别系建
筑所没有的特征。[①]"

文学作品中，春秋时期《诗经》中，有"如鸟斯革，如翚斯飞"之句；宋代欧阳
修《醉翁亭记》出"峰回路转，有亭翼然临于泉上者，醉翁亭也"之语。这些都
是对建筑上反宇挑檐的表述。

明清时期的案、橱装有翘头，从设计和审美传统看，它将中国古建筑反宇挑檐
"翼然而飞"的风范移用于家具上，其功能是把人的视觉导引向上，从而打破案
身、橱身横宽的沉闷感、沉重感，让凝固之器变得耸然欲动。建筑、文学、家具
上，有着一脉相承的空间意识，一言以蔽之：唯美而非实用。

---

① 林徽因：《清式营造则例绪论》，载梁思成《清式营造则例》，中国建筑工业出版社，1981。

三、螭龙纹直牙头型

1. 黄花梨螭龙纹翘头案

黄花梨螭龙纹翘头案（图5-12）特点：

（1）案面为独板，面沿上端平直圆润，下端压一条阴线。

（2）大翘头与抹头一木连做。

（3）直牙板与委角直牙头交汇的三角区处雕螭龙纹（图5-12-1）。

这种牙头雕螭龙纹者极为少见。

（4）牙板中间为变体寿字纹，其两旁各雕大小螭龙纹，共六条。

（5）四腿为直腿，足外撇。挡板上壶门式开光中雕大小螭龙纹。

（6）双腿间管脚枨上下两边起阴线，与双腿交圈。

（7）管脚枨下置壶门牙板，两端起钩云纹。

此案为漳州地区制作。

图5-12-1　黄花梨螭龙纹翘头案牙头上的螭龙纹

图5-12　清早期　黄花梨螭龙纹翘头案

长199.5厘米，宽36厘米，高91厘米

（香港两依藏博物馆藏）

四、草叶式双牙纹型和双牙云纹型

草叶式双牙纹和双牙云纹从何而来，什么年代出现？这似乎是一桩迷案。以考古类型学的方法观察实物，可以解开谜底。直牙头上大部分雕刻的纹饰是螭凤纹，此外，还有一些是挖雕的草叶双牙纹或双牙纹，这隐含着纹饰发展的脉络，可以以器物沿革来表述。

1. 黄花梨草叶双牙纹平头案

黄花梨草叶双牙纹平头案（图5-13）特点：

（1）牙头仅雕上端，呈C形草叶状（图5-13-1），是草叶式的双牙纹。它取自螭凤纹的下段，省略了头部。当时，家具上专门雕有此纹是有明确寓意的，人们以这种双牙纹代表螭凤纹。由此，举一反三，可以明白，在各类家具的牙头上雕出的C形、S形、草叶式双牙形和双牙形的纹饰均是螭凤纹的演化体，或称螭凤纹的简化体。

古人在使用草叶式双牙纹、双牙纹时，知其含义，有所用心。几百年后，时移世易，人们当然仅仅把它们当成了无意义的符号。

（2）四腿为圆腿，前后腿间置圆形双枨。

此式样案子的牙头做工常见于闽作家具、苏作家具中。

图5-13-1 黄花梨草叶式双牙纹平头案牙头上的草叶双牙纹

图5-13 清早中期 黄花梨草叶双牙纹平头案

长216.2厘米，宽44.8厘米，高78.5厘米

（中贸圣佳国际拍卖有限公司，2015年秋季）

2. 黄花梨草叶式双牙纹翘头案

黄花梨草叶式双牙纹翘头案（图5-14）特点：

（1）牙头上锼出一条大S形曲线，上半部雕C形的草叶式双牙纹（图5-14-1），下半部仅呈现圆曲线。其上端近似双牙纹，这也是螭凤纹的演变体。其后，在有的器物上，其形态进一步简化，仅保留上部的C形纹饰，也就是只剩双牙纹了。

（2）牙板边沿起粗边线。

（3）直腿下有托泥，托泥侧面浮雕壶门式曲线。

（4）厚实的挡板上，壶门式开光边缘起粗线，开光内浮雕五叶花卉纹。

（5）此案用料敦实，四腿挓度较大。总的说来，案类中，长度越短的案子挓度越大。

此式样案子多见于闽作家具中，福建尚有软木制作的同款案子。

图5-14-1　黄花梨草叶式双牙纹翘头案牙头上的草叶式双牙纹

图5-14　清早中期　黄花梨草叶式双牙纹翘头案

长94厘米，宽32.1厘米，高84.5厘米

（选自罗伯特·雅各布逊：《明尼阿波利斯艺术馆藏中国古典家具》，明尼阿波利斯艺术馆，1999）

3. 黄花梨变体双牙云纹翘头案

黄花梨变体双牙云纹翘头案（图5-15）特点：

（1）案面由两块独板拼合而成，翘头为卷书式，变异明显。翘头与抹头一木连做。

（2）牙板与牙头一木连做，可见用料之奢。牙板中心为寿字纹，两侧雕拐子螭龙纹，龙尾为直线回勾状。

（3）牙头回勾与牙板出牙合为不典型（变体）双牙云纹（图5-15-1），两侧为相背拐子回纹。螭龙纹并排贴近腿边，尾部外卷，这是闽作案子牙板牙头上一种程式化的纹饰布局手法。

（4）直腿混面压边线，下承托泥。

（5）托泥上有双栊，将空间分为三段。上段透挖壶门式开光，粗边线外大起地。中段内上下如意云头纹相连，为较少见之式样。下段有壶门牙板，两端为钩云纹状。这种三段式挡板为莆田仙游地区特点。

（6）托泥两侧浮雕壶门式曲线。

图5-15-1　黄花梨变体双牙纹翘头案牙板牙头三角区上的双牙云纹

图5-15　清早中期　黄花梨变体双牙云纹翘头案

长251厘米，宽50厘米，高100厘米

（选自邓南威：《隽永姚黄：中国明清黄花梨家具》，生活·读书·新知三联书店，2016）

4. 鸡翅木独板翘头案

鸡翅木独板翘头案（图5-16）特点：

（1）案面为独板。面沿分三段，上段为宽线，中段铲地内收，下段为粗线。这种起线为莆田仙游地区的家具特征。

（2）四腿为直腿，两边起粗线，中间铲地平坦。

（3）牙板牙头一木连做，牙头挖双牙云纹（图5-16-1），双牙中夹木珠。

（4）双腿间置上下双枨，将空间分为三段。中段厚木挡板上挖出大朵如意云头纹，其边上有六个圆珠连接开光轮廓。下段有壶门牙板，两端为钩云纹。

（5）托泥正面为平面。

这种两段至三段挡板者多见于莆田仙游地区，各种软木制作的也很多。漳州地区的挡板多为一段式。

图5-16-1　鸡翅木独板翘头案牙板牙头三角区交汇处的双牙云纹

图5-16　清早期　鸡翅木独板翘头案
长206厘米，宽51.5厘米，高92厘米
（广东留余斋藏）

5. 黄花梨子母螭龙纹翘头案

黄花梨子母螭龙纹翘头案（图5-17）特点：

（1）案面独板两拼，翘头鸟头形。

（2）牙头回勾，牙板出牙，两者合为不典型双牙云纹。

（3）牙头牙板交汇的三角区上，大小螭龙（图5-17-1）
两目相对，双嘴怒张，意如对话。

（4）挡板上的子母螭龙纹中，大小螭龙四目相望，双口
大张，似可闻其声，为苍龙教子、教子冲天之意。

此案为闽作漳州工。

图5-17-1　黄花梨子母螭
龙纹翘头案牙头上的大小螭
龙纹

图5-17　清早期　黄花梨子母螭龙纹翘头案
长249厘米，宽46厘米，高87厘米
（北京瑞宝阁藏）

五、卷云纹牙头型

1. 黄花梨云纹牙头翘头案

黄花梨云纹牙头翘头案（图5-18）特点：

（1）牙头（图5-18-1）云头较小，与牙板为两木上下相接，代表了云纹牙头案的偏早期式样。云纹牙头最初式样是云头不内卷，但其实物存世量极少。

（2）翘头较小，与抹头一木连做（图5-18-2）。

此式样案子为闽苏两地共有。

图5-18-1 黄花梨云纹牙头翘头案的云纹牙头

图5-18-2 黄花梨云纹牙头翘头案一木连做的翘头和抹头

图5-18 明晚期—明末清初 黄花梨云纹牙头翘头案
长138厘米，宽53.5厘米，高80厘米
（选自《风华再现：明清家具收藏展》，1999）

2. 黄花梨卷云纹牙头平头案

黄花梨卷云纹牙头平头案（图5-19）特点：

（1）与前例相比，本案牙头进一步向内翻转（图5-19-1），造型纤细。其卷云下端置加固功能的圆珠。

本案卷云纹牙头进一步翻转，刻意追求婉转，富有动感。云纹牙头盘成一整圈后，由于锼出的木材过细，横茬面大，故多数作品以一枚或几枚圆珠连接加固，以防外力撞击、压迫时折断。古人在追求新奇美感的同时，亦兼顾受力的科学性。若云纹牙头简短，稍有翻卷，则无须圆珠加固。

此种以圆珠加固牙头的实物尚多，圆珠位置各不相同，款式多样，可见当时流行之盛。这些晚出的内翻卷云纹牙头，从整体之优雅、局部之精巧，都表现出匠师们希望突破旧有样式、求异求变的愿望。

（2）牙头、牙板起线。前后腿足间置双枨。

此式样案子为闽苏两地共有。

图5-19-1　黄花梨卷云纹牙头平头案进一步向内翻转的牙头

图5-19　明末清初　黄花梨卷云纹牙头平头案
长231厘米，宽62.5厘米，高81厘米
（选自霍艾：《极简之风：霍艾藏中国古典家具》，德国科隆东亚艺术馆，2004）

3. 黄花梨卷云纹翘头案

黄花梨卷云纹翘头案（图5-20）特点：

（1）案面为独板，两端有鸟头形小翘头。

（2）牙头锼挖卷云纹（图5-20-1）。牙板牙头大铲地，突出边线。

（3）直腿混面，下承托泥。

（4）前后腿间置单块挡板，壶门式开光中间透雕如意云头纹，如意云头纹边线外大铲地。

在雕刻工艺尚未登场之际，锼挖工艺成为匠师们创造家具形制变化的最佳手段，它是起线、铜饰之外的另一种隐性装饰。锼挖可以挖出各种曲线，如壶门牙板曲线、云纹牙头曲线、鱼门洞曲线。当挖出如意云头纹饰并在挡板上灵活运用时，就构成了光素案类上的一道亮丽景致——如意云头纹挡板。

它们整体光素，流行期大约在明末清初，当时出版物资料也有佐证。明崇祯版刻本《金瓶梅词话》版画插图（图8-3）上，出现了如意云头纹挡板翘头案，这就为推断判定各种黄花梨如意云头纹挡板案的年代上限提供了文献依据。

此后，岁月流转，当雕工粉墨登场之后，这种锼挖的简洁如意云头纹便渐渐从家具上悄然退场了。

此式样案子为闽苏两地共有。

图5-20-1 黄花梨卷云纹翘头案的卷云纹牙头

图5-20 明末清初 黄花梨卷云纹翘头案

长128厘米，宽44厘米，高88厘米

（选自邓南威：《隽永姚黄：中国明清黄花梨家具》，生活·读书·新知三联书店，2016）

前面，笔者已经以考古类型学的理论和方法对卷云纹牙头案进行了器物排队，以确定所存实物之时代先后。其实，从实践角度看，古典家具流通业和收藏界几十年的认知，与这种学理性的年代梳理结果基本是一致的。在以上数例卷云纹牙头案的器物排列中，似乎是在找寻一种规律，的确又是在一个规律下进行器物排队。格物致知，寻求再小事物的发展规律，也总是令人兴致勃发。

在明式家具近200年的发展历程中，能否找到一种规律？答案是：可以。明式家具乃至明清家具在发展的全程中，其主体和主流存在一种逻辑脉络和规则，笔者称之为"观赏面不断加大法则"。其定义是：各个门类的明清家具，随着时间的推移，每发展一步，观赏面都会出现增益性的变化，形象上增加更多的变化信息。明式家具形态的发展过程是由简洁质朴逐渐趋向绚丽繁缛。明晚期、清早期乃至此后的清中期、清晚期、清末民国，在硬木家具的发展过程中，这种变化趋势从未中断。

在每个新的时期，每一种类的明式家具在形式上都有新的发展和突破，虽然表现出各自的形式上的独立性，但有共同特征：用材越来越宽大，工艺越来越复杂，装饰越来越纷繁。也就是在视觉上一定有所增益。条条江河归大海，各种变化的最终目的是不断加大家具的观赏面。这个规定像是早已被历史规定好的一样，掌控着家具形态发展的大趋势。"观赏面不断加大法则"有六个层面的表现：

第一层面：增加线脚、构件曲线的变化（简称"线脚"）。

第二层面：光素木质构件的组合（简称"组合"）。表现为在器物上组合运用、增加光素木质构件，工艺为攒、斗、垛等，使家具的"线形态"逐渐趋近于"面形态"。

第三层面：增加雕刻（简称"雕刻"）。一是构件由光素发展为雕刻；二是不断加大已有的雕饰面积，纹饰日趋纷繁。

第四层面：构件尺寸不断地加大或构件的弯曲度不断加大。加大构件尺寸（简称"加大"），一是将有视觉观赏意味的光素构件尺寸加大，二是将已雕饰构件的面积逐渐加大。

第五层面：增加构件（简称："增加"）。一是增加木质装饰构件，包括逐渐增多各种雕饰的绦环板、花牙、挂牙、牙板、挡板。二是增加不同材质的构件，如镶嵌大理石板、瘿木、铜饰件等。时光流转，至清中期时期，家具上常常镶嵌瓷板、玉件、剔漆件、铜胎掐丝珐琅板等，不一而足。

第六层面，改变造型和结构（简称"改变"）。"观赏面不断加大法则"不但丰富着家具的雕饰，也改变着家具的式样和结构，不仅有小打小闹的改良，也有推倒再来的"革命"。原式样阻碍观赏面发展时，原造型和结构便被改变，典型的"改变"是由清早中期开始的。

自清早中期兴起的家具式样大革命中，明式家具逐渐演变为清式家具，一系列清式家具相继出现。

特别要说明：清中期之后，以紫檀家具为代表的清式经典家具的发展高峰已经过去了。清晚期至清末民初时，在城市中上层市民使用的硬木家具中，桌、案、几、椅、凳、柜、橱上，广泛使用了大理石、瘿木。

在硬木家具系统中，"观赏面不断加大法则"像一套程序，安排着家具面貌之变化，其作用一以贯之。特别应说明的是，在大漆、柴木家具等系统中，这个法则也发挥着作用，只是那是在另一条子文化的发展链上，以另外的风貌呈现着。

"观赏面不断加大法则"的效力，于常态中悄无声息，点点滴滴，缓慢发酵；骤变时，如一夜春风促万树梨花盛开。这些表现为第一至第五层面状态。而扶手椅、多宝格等家具式样的出现、侧脚的消失、独梃桌的引进，都体现于第六层面。

"观赏面不断加大法则"的六个层面，总体上是一种递进的关系，但也往往会同时发生。这是一个概念性的归纳，是对包括明式家具在内的家具发展法则的提炼，有某种宏大叙事意味。在此概念平台之上，纷繁的明式家具个例提出的解读挑战不能说均可迎刃而解，但也基本有章法可应对。而这个法则的总结又暗合着考古类型学的原则。

明式家具"观赏面不断加大法则"主要是对明式家具中不断发展的各类器物的规律总结。它关注着明式家具主流发展的基本面貌，也可以说是总结了明式家具的第一条发展轨迹上器型的发展。

第一条发展轨迹上器物的发展历程构成了明式家具最终通向清式家具的脉络。但是，还有为数不多的家具的发展形态与第一条发展轨迹上的家具演变并不完全一致。更主要的是这些家具往往不使用雕刻工艺，而是以木构件变化或线脚增加来完成新的造型。它们构成了明式家具的第二条发展轨迹。黄花梨直牙头皮条线平头案（图5-6）、紫檀鼓腿罗汉床（图3-30）就是其中的两例。

此外，还有第三条发展轨迹上的产物，表现为旧款式上，略带新时期的某种特征。它们是发展变化明显迟缓、纹饰简单、与时俱进性差的器物。如黄花梨竖梜南官帽椅（图4-61）。

以考古类型学观点看，器物的发展轨迹，在一条之外，可能还有第二条、第三条，明式家具也是如此。

明式家具第三条发展轨迹上作品存在的原因，是它们大致应存于相对保守的制作中，或消费于相对不那么富有的人群里。以实例说明可能更形象：在当代城市建筑中，最主流的高楼广厦，其几十年后与几十年前的设计建造一定是变化巨大的，而且是逐渐地变得更美、更靓丽的，它们是建筑中第一条发展轨迹上的产物。但同城之中的边缘地带，也有一些建筑，几十年来整体变化并不大，形态相对保守。不过，此类建筑在细节上一定有新时期的符号，带有时代的烙印。它们也有自己的发展轨迹，可称为这个城市建筑中的第三条发展轨迹上的作品。

清早中期以后，第一条发展轨迹上的明式家具在"观赏面不断加大法则"的效应下，进入了清式家具发展阶段。而同时，第三条发展轨迹上的家具往往更多地还表现为明式家具风格，但在细部上，已带有人们不容易发现的清式家具符号，它们与典型的明式家具已经不同。此时期的黄花梨家具，笔者称之为"后明式家具时代"的器物。其中有些式样与红木家具相近，上海行家称之为"红木的哥哥"，亦见其年代之晚。尽管第三条发展轨迹上的家具与第一条发展轨迹上的家具相比，大形态似乎没有多少改变，但它们于细节上带有新时期的烙印，或多或少有一定的变化。后一时期与前一时期完全相同的作品是不存在的，只是后人分辨起来不那么容易。

图5-21-1　黄花梨圆孔挡板翘头案的卷云纹牙头

4. 黄花梨圆孔挡板翘头案

黄花梨圆孔挡板翘头案（图5-21）特点：

（1）案面两头有鸟头形小翘头。冰盘沿中段起阳线，下段压一条窄线。

（2）卷云纹牙头（图5-21-1）边沿起皮条线。

（3）直腿混面，双边起粗线。足外撇，如香炉之腿，俗称"香炉腿"。

（4）前后腿间呈三枨两段式，为莆田仙游地区做法。上段挡板中，长方形开光起线，中间挖圆形透光，边起粗皮条线，线外地子铲平，十分醒目。下段为四边牙条圈口，边起皮条线，地子铲平。

此案做工略粗，式样呈莆田仙游及闽东地区做工特征。此式样在当地也有用红豆杉木、鸡翅木制作的。闽东地区红豆杉木、鸡翅木家具较多。

图5-21　清早期　黄花梨圆孔挡板翘头案
长177厘米，宽45厘米，高83厘米
（选自王亚民：《故宫博物院藏明清家具全集》，故宫出版社，2015）

5．黄花梨变体卷云纹翘头案

黄花梨变体卷云纹翘头案（图5-22）特点：

（1）案面为独板，两端有小翘头。

（2）牙头为变体卷云纹，呈卷草叶状。牙头牙板三角区雕螭龙纹（图5-22-1），龙尾为方折拐子纹。

（3）直腿混面，压边线，足外撇。

（4）前后腿间置三根横枨，将空间分为上下两段。上段挡板挖优美的壶门式海棠形透光。下段挡板中挖透光，上下部各为变体如意云头纹。如意云头中心雕圆点纹、卷珠纹。

（5）底枨下为壶门牙板，两端呈钩云纹状。

此式样案子为莆田仙游地区制作。

图5-22-1　黄花梨变体卷云纹翘头案牙头牙板三角区上的螭龙纹

图5-22　清早中期　黄花梨变体卷云纹翘头案

长220厘米，宽42厘米，高88厘米

（选自邓南威：《隽永姚黄：中国明清黄花梨家具》，生活·读书·新知三联书店，2016）

图5-23-1 龙眼木卷云
纹翘头案的卷云纹牙头

6. 龙眼木卷云纹翘头案

龙眼木卷云纹翘头案（图5-23）特点：

（1）案面为独板，冰盘沿压边线。大翘头安于案子两端。

（2）牙头为卷云纹形（图5-23-1），云头有回勾。其下雕相
　　背的卷珠纹，腿上端两侧雕对称卷云纹。

（3）直腿混面，两边起打洼宽线，足外撇。

（4）前后腿间，双枨中安圈口，牙板上雕如意纹和双牙纹。

（5）底枨下壶门牙板两端为钩云纹。

此案呈莆田仙游、泉州地区做工特征。

图5-23 清中期 龙眼木卷云纹翘头案
长208厘米（宽、高不详）
（北京保利国际拍卖有限公司，2012年10月）

7. 黄花梨云纹外撇足翘头案

黄花梨云纹外撇足翘头案（图5-24）特点：

（1）案面为独板，冰盘沿平直圆润，下压一线。

（2）翘头外翻，形如鸟头形，与抹头一木连做。

（3）卷云纹牙头以圆珠固定。牙头、牙板边起粗线，线内地子近乎铲平。

（4）四腿为直腿，足外撇。前后腿间横枨偏上，枨上挡板锼挖如意云头纹（图5-24-1），枨下置牙板。

这种形态独具特色，非梯子枨，也非一般的挡板。在案类"第一条发展轨迹"的大序列中，不能将此作品列入。可将它视为"第二条发展轨迹"上的作品。

此式样案子为泉州等地做法。

图5-24-1　黄花梨云纹外撇足翘头案挡板上的如意（云头）纹

图5-24　清早中期　黄花梨云纹外撇足翘头案

长160.8厘米，宽35.3厘米，高83.9厘米

（中国嘉德国际拍卖有限公司，2014年秋季）

8. 花梨木螭凤纹翘头案

花梨木螭凤纹翘头案（图5-25）特点：

（1）案面装心板，两端置翘头。

（2）牙板与硕大的牙头一木连做，可见闽作家具的特征。

（3）牙头与牙板交汇的三角区雕尖嘴螭凤纹（图5-25-1），螭凤身上雕曲线卷珠纹，螭凤身缠宽带。这些均为年代偏晚的符号。

（4）直腿中间起两炷香线，其两侧又饰多重线脚，下承托泥。

图5-25-1　花梨木螭凤纹翘头案牙头牙板上的螭凤纹

图5-25　清中期　花梨木螭凤纹翘头案

长225厘米，宽53厘米，高91厘米

（选自朱家溍：《故宫博物院藏文物珍品大系·明清家具》，上海科学技术出版社，2002）

9．鸡翅木独板翘头案

鸡翅木独板翘头案（图5-26）特点：

（1）案面为独板，冰盘沿上段斜向平直，下边缘压一条阴线。

（2）牙板两端下沿出尖牙纹，吊头处对应也出尖牙纹。

（3）牙头为卷云纹的发展体，挖成回纹，回纹间雕螭龙纹。
背面（后面）牙头无雕刻，为闽作特点。

（4）四腿为直腿，起边线。腿间双枨内退，边起阴线，并未与
双腿交圈。

（5）底枨下为壶门牙板，两端起钩云纹。

（6）腿间挡板透雕缠枝灵芝纹。

此案有许多明确的漳州地区家具特点。

图5-26　清中期　鸡翅木独板翘头案

长228.5厘米，宽48.9厘米，高100.3厘米

（选自安思远：《洪氏所藏木器百图》，2005）

六、钩云纹牙头型

钩云纹牙头形态是牙头下端的云头出尖钩状轮廓，故称为钩云纹。从实物看，钩云纹牙头案子主要为清早期以后作品。

前几十年，在地毯式搜集黄花梨家具遗存的大潮中，其实物大多数来自中小城市和城市周边地区。可以推想，清中期以后的几百年，风云变幻，黄花梨家具在上层社会边缘化的同时，也经历着大规模的、漫长的毁灭。所以有些明式家具早期实物不可见，可能是因为历史风波的扫荡。但作为学术研究，必须仅就现存实物说话。如仅见清早期之物，应"有一份资料说一分话"，就事论事，尽量少作推想。

钩云纹牙头型案子从腿部看，大致还可分为托泥体、香炉腿体、个别为梯子枨体。其中还含有闽作家具和苏作家具的不同式样，下面分别阐述。

1. 紫檀象面纹平头案

紫檀象面纹平头案（图5-27）特点：

（1）纹饰主要分布于牙头与牙板交汇的三角区上，左右对称的螭凤纹口鼻处锼挖成空，如钩云状，为传统云纹的变体。此纹乍看，像象面纹，但是其眼和下卷的上吻与常见螭凤纹相一致。

（2）三个卷珠形纹饰将象面装点得更活泼生动。其两旁牙板上的回纹表明此案于清早期偏晚时制作。

在先秦以来的青铜器等器物上，回纹历代相沿。但明式家具上的回纹发生年代不能以这些工艺品为参照。明式家具上的回纹是由拐子螭龙纹演化而来的，表现出与传统纹饰的殊途同归。但这却是一个新时代开始的标志。回纹在装饰上的强大张力呈现于家具之上，其生命活力在此后愈发彰显。

此案是少见的一种变异梯子枨体。其牙头与牙板为一木连做，用材豪放，表明此案出自材料充裕之福建地区。

图5-27　清早中期　紫檀象面纹平头案
长226厘米，宽80厘米，高86厘米
（选自王正书：《明清家具鉴定》，上海书店出版社，2007）

2. 黄花梨螭龙回纹翘头案

黄花梨螭龙回纹翘头案（图5-28）特点：

（1）案面为独板，两端的大翘头形如鸟头。

（2）牙板中心雕变体寿字纹，两侧雕拐子螭龙纹。

（3）钩云纹牙头与牙板交汇的三角区上，雕变体螭龙纹和回纹。

（4）挡板上所雕螭龙纹（图5-28-1）变异极强，无规律可循，似在一条曲线上串联了若干条螭龙。两只较大的螭龙张口相向，形式上已不拘泥于面对面。还有其他的变体螭龙纹隐匿于图案中。

（5）直腿下承托泥，腿为混面，托泥亦为混面。

此式样案为漳州地区制作。

1998年3月，苏富比纽约有限公司拍卖的龙眼木寿字纹翘头案，牙头为钩云纹形态，更说明钩云纹在福建地区的存在。

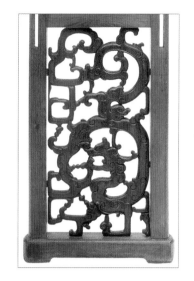

图5-28-1　黄花梨螭龙回纹翘头案挡板上的螭龙纹

图5-28　清早中期　黄花梨螭龙回纹翘头案

长320厘米，宽61厘米，高86.5厘米

（选自南希·白铃安：《屏居佳器：十六至十七世纪的中国家具》，美国波士顿美术馆，1996）

图5-29-1 铁梨木象面纹翘头案挡板上的云头纹

3. 铁梨木象面纹翘头案

铁梨木象面纹翘头案（图5-29）特点：

（1）案面为独板。翘头硕大，与抹头一木连做。

（2）挡板正中镂挖大朵如意云头纹（图5-29-1），其如意云头纹朝下，不是常见之朝上的形态。轮廓多有波折，有失常见如意云头纹之圆润流畅；而且大朵如意云头纹是下垂式的，又有违一般的挡板上如意云头纹正立的规律，这些都应为偏晚时期变异性的表现。这种如意云头纹在泉州、莆田仙游等地区都有制作，与广东、广西制品无关。

（3）托泥上有落地枨，其上方四角各置一个云纹角牙。整个挡板空间，既带有镂挖云纹，又增加新款的角牙和管脚枨，这是少见且比较晚的做法。尤其是四个角牙上，纤细的卷草纹端点为圆珠状，年代更晚。

（4）牙板两端雕回纹。这与卷珠形纹饰、四个角牙和反向如意云头纹都是清早期以后的做法。

（5）牙板上镂挖出尖牙纹，牙头镂挖出钩云纹。腿两旁的牙板上铲地浮雕出变异的象面纹，与闽地所出作品之卷云纹为同种匠作风格。细线阴刻象眼，形象已不写实。

此案整体形态也表明其为闽作风格。此类案子常见于泉州等地区。

图5-29 清早中期 铁梨木象面纹翘头案
长343.5厘米，宽50厘米，高89厘米
（选自朱家溍：《故宫博物院藏文物珍品大系·明清家具》，上海科学技术出版社，2002）

272

铁梨木非紫檀、黄花梨那样,但可视其为硬木之属,为明清家具的常见材质。铁梨木象面纹翘头案面板底部中间刻有"崇祯庚辰仲冬制于康署"的字样,"康署"为今天的广东省德庆县,"崇祯庚辰"为崇祯十三年(1640年)。

一直以来,此案被业界认为是明代崇祯年间的作品。它现藏于故宫博物院,但非故宫博物院旧藏。20世纪50年代,它由北京琉璃厂古玩行购入。此款之真伪从来没有人质疑,加上此款字面上的商业价值不明显,不合作伪的一般套路。笔者以前也曾认为此案为崇祯年制。尽管当时笔者也明确指出,在纪年刻款的真伪认定上,本器的过硬程度不比上海明万历朱守城墓出土的紫檀小插屏、紫檀螭龙纹瓶(考古成果),也弗如故宫博物院藏清康熙之紫檀嵌云龙寿字纹大围屏(有历史档案记载其纪年)。现在看来,此案的年代和产地均应重新审视。

2015年,《故宫博物院藏明清家具全集》(故宫出版社)出版,书中图片首次呈现出铁梨木象面纹翘头案挡板细节。笔者反复考量后,认为此案构件和纹饰表明其年代甚至要晚于清早期,"崇祯款"不足为年代凭证。

"并非写有、刻有年代符号之物就是有确切纪年之器。"这个通理大家都认同。但遇到实例,又屡屡不会质疑。一款定身份的思维十分可疑,但又长期统治着我们的大脑。甄别真伪是研究的首要之务。没有过硬的佐证,任何古物的题刻、款识均难以成为认定其为当年真品的证据。

如何判断题刻的真实性呢?张中行认为:古砚之上无有力证据的铭款,均不视作真品。他说:"是如何能够断定款识是真的。概括说也是靠经验,具体说就很难。但作为举例,可以说说常情。造假是为赢利,名人的价高,大名人的价更高,所以造假款识总是造名人的,如苏东坡、米元章、黄莘田、纪晓岚之流。又所以看见名人款识,先要这样想,'百分之九十九是假的',不要存侥幸之心,换为这样想,'也许是真的'。留下百分之一,是容许实物为自己辩护,比如款识是王虚舟,石确是清初坑,石质上上,字风格对,刻工好,想法就可以变苛刻为宽厚。但也只能说'大致真';说'必真',还要有更有力的证据,最好是有砚谱作证或流传有序。①"

古物流通,多经鬻古者之手,其间真伪诡谲故事无奇不有。所以张中行强调"更有力的证据"。同时,观察款识中有无可增加商业利益的要素是判定器物真伪的关键。古砚铭文均为名人"遗泽",只是有名人的真伪和名头的大小不同罢了。在流通中,名头和高年份可以提高器物的经济价值,有助厚价。这是作伪的操作点。

张中行未明确提出此点,因为砚铭多是更早年代的名人之铭,但意思已包含其中。古物题识,如果有商业要素,则需要有"更有力的证据",即要有其他过硬的佐证,才可认定为真品。诸如古砚,其石质、铭款的字体、文体、文意、刀刻字口风化程度,等等,都是最基本的考察点。此外,最好、最过硬的根据是有当事人的著录,其拓片与实物物影相合,包括尺寸、字款、石料自然缺损、各种伤碰痕迹等,一丝不苟,方可信之。比如,一方纪晓岚款识的旧砚认定,须与纪晓岚《阅微堂砚谱》中相应拓片处处相符,才可以说"必真"。所以,今天我们可以看到,真正有纪氏《阅微堂砚谱》或沈石友《沈氏砚林》为证的砚台,在拍卖场中是何等的尊贵。而其他大量的有纪氏、沈氏款识的砚台基本被认定为伪款。

古物一旦题有名人和高年份款识,有提高其经济价值的作用,那么一定要存疑。紫檀拐子纹平头案(图5-50)上铭文中提到的宋荦、溥侗②都存在上述问题,款无旁证。从学术角度,完全有理由质疑其真伪。

有商业要素、有名头、有高年份的铭文,如无旁证,"有假推论"是必要的,若认定为真品,须有其他过硬的佐证。尤其是对作为学术研究的年代标准器更是如此。不然,世界上名家之作岂不太多,比如海量的字画和竹木牙角器物,年代标准器也就多得数不胜数了。如再以它们作为年代的标准器,便乱了根本。以这种"还要有更有力的证据""最好是有砚谱作证或流传有序"之标准看铁梨木象面纹翘头案,其"崇祯"之年代自然不能够说"必真"。

家具刻款固然难于砚台,家具有刻款者很少,但既然能刻,便会者不难。以考古学和文物学准则看,明式家具中,有纪年刻款的器物的款识基本无一可信。因为那些家具上的刻款或墨题无人能证明是真实可靠的。任何人

---

① 张中行:《长物与戒之在得》,载《负暄三话》,中华书局,2012。
② 宋荦为清代诗人、画家、政治家。溥侗为清末民国艺术家,清室后裔。

都应服从学术准则，而不是诉诸权威。一旦认定某某款识为真，那意味着其所在之器物就成了年代标准器。贸然而为将埋下祸根。

若谈及雕刻，有一条史料或应一提，明代万历年间的地理学家王士性所著《广志绎》载："姑苏人聪慧好古……又如斋头清玩、几案、床榻，近皆以紫檀、花梨为尚，尚古朴不尚雕镂，即物有雕镂，亦皆商周秦汉之式，海内僻远皆效尤之，此亦嘉、隆、万三朝为盛。①"

此段史料多被引用，如仅以此说明紫檀、黄花梨开始使用的时间，可与其他文献记载相呼应，所述可资参考。但是其中"物有雕镂，亦皆商周秦汉之式"之说，史料上为孤证，此其一。而甄别后又知其与实例难符，此其二。

梁启超所著《清代学术概论》云："孤证不为定说。其无反证者姑存之，得有续证则渐信之，遇有力之反证则弃之。②""孤证不为定说"是治史者的法则。二十四史之首、史家之绝唱《史记》被东汉史学家班固称为"其文直，其事核，不虚美，不隐恶，故谓之实录。"但是，其中记载内容若为孤例，又无考古成果佐证，尚不足以成为信史。如《史记》对夏王朝的记载，目前尚无考古成果佐证。当然其中所述的一些超自然现象更是无稽之谈。与明式家具相关的文献，其可信度的把握，一要慎用孤证，二要进行必要的甄伪。从甄伪角度看，"物有雕镂，亦皆商周秦汉之式……嘉、隆、万三朝为盛。"此句话含糊可疑。考古实物资料中，"秦汉"尤其是汉代，纹饰已多种多样，非为一式。如果将"商周秦汉之式"作为一个纹饰看，应是指商周盛行的饕餮纹。那么，明式家具上哪里有饕餮纹呢？从来没有。

王士性，字恒叔，号太初，明万历五年进士，曾在北京、南京、河南、四川、广西、贵州、云南、山东等地为官，喜欢游历，足迹几乎遍及全国。《广志绎》是他晚年的一部游历笔记，自序写于明万历二十五年（1597年），未及出版，他就去世了。该书初刻于清顺治年间，康熙年间再刻。《四库提要》曾评论《广志绎》："凡山川险易、民风物产之类，巨细兼载，亦间附以论断。盖随手记录，以资谈助。故其体全类说部，未可尽据为考证也。③"清人"未可尽据为考证也"的论断，再结合今日所见家具实物遗存，可知属于孤证的"物有雕镂，亦皆商周秦汉之式"与"嘉、隆、万三朝始盛"的说法，应属随手所记的道听途说，未可尽信。

福建行家也认为，此铁梨木象面纹案挡板上的云头纹常见于莆仙、泉州等地区的家具上，此案与广东、广西无关。

①（明）王士性：《广志绎》卷二《元明史料笔记丛刊》，中华书局。
②梁启超：《清代学术概论》，中华书局，2010，第45页。
③（清）《四库全书总目提要》，卷七八，史部三四，地理卷。

4. 黄花梨螭龙螭凤纹翘头案

黄花梨螭龙螭凤纹翘头案（图5-30）特点：

（1）案面为独板。大翘头与抹头一木连做。

（2）牙头和牙板交汇的三角区雕抽象化螭龙螭凤纹，上为螭龙，下为螭凤，形态拐子化，表达龙凤呈祥之祝福。螭龙纹两侧复有拐子纹和回纹装饰。此案螭龙纹所在的位置，有其他的案子上雕卷云纹或象面纹。

（3）足间横枨两端为梯形格肩榫。

（4）香炉腿外撇。在明末刻本插图中的家具上，已见托泥和管脚枨，腿足大多为直腿直足，与外撇的香炉腿有别，外撇腿应是更晚的式样。

（5）挡板上透雕大小螭龙纹（图5-30-1），为苍龙教子之意。龙凤呈祥图和苍龙教子图均表明此案制作于婚嫁之时。

此式案子为漳州地区制作。

图5-30-1 黄花梨
螭龙螭凤纹翘头案
挡板上的螭龙纹

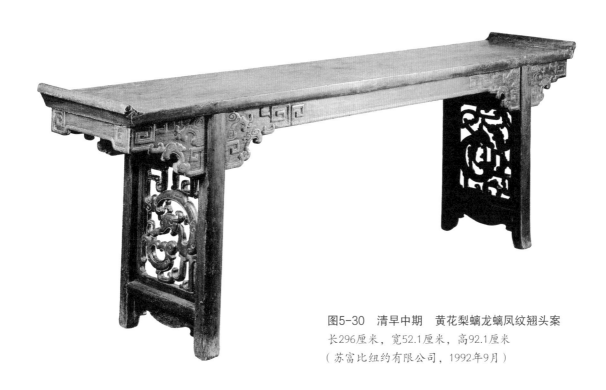

图5-30 清早中期 黄花梨螭龙螭凤纹翘头案
长296厘米，宽52.1厘米，高92.1厘米
（苏富比纽约有限公司，1992年9月）

275

图5-31-1 黄花梨螭龙螭凤纹翘头案挡板上的螭龙螭凤纹

5. 黄花梨螭龙螭凤纹翘头案

黄花梨螭龙螭凤纹翘头案（图5-31）特点：

（1）案面为独板。

（2）牙头和牙板上的三角区均统一列入雕饰区内，大面积雕螭龙纹和回纹。由回纹的成组运用、螭龙纹尾端与回纹的结合等特点，可见其年代偏晚。

（3）挡板上透雕螭龙螭凤纹（图5-31-1），其上又有一条小螭龙，似一派家庭氛围。螭龙螭凤尾分叉，卷如草蔓，飞舞飘旋，富有浪漫富丽之气。缠枝朵云，铺张空间，曲尽其妙。

牙头、挡板已成繁花似锦之态。这是明式家具进入清早中期雕饰时期的典型作品，是钩云纹牙头翘头案式样长久发展的结果。

此式样案子为漳州地区家具。

图5-31 清早中期 黄花梨螭龙螭凤纹翘头案
长285.7厘米，宽52.7厘米，高99.1厘米
（美国纽约大都会艺术博物馆藏）

6. 黄花梨螭龙纹翘头案

黄花梨螭龙纹翘头案（图5-32）特点：

（1）案面为独板，面沿平直圆润，下压阴线。

（2）牙头、牙板边起粗线，线内地子近乎铲平。

（3）螭龙纹与成组的回纹布满牙头与牙板交汇的三角区，回纹成组运用、大小不一、布局灵巧。牙板中间为团寿纹，两旁各雕刻两条螭龙纹。

（4）香炉腿足端外撇。

（5）挡板壶门式开光中透雕螭龙纹（图5-32-1），螭龙上唇如灵芝纹。

从成组的回纹和变异的寿字纹看，此案年份偏晚。

此案体形硕大，装点纷繁，见证着一个富裕时代的奢华和精丽，也是钩云纹牙头案长久发展的结果。其牙头上成组的回纹、挡板上华美的雕饰、足间横枨上的梯形格肩榫、外撇的香炉腿，构成了判断本案年代的依据。此案闽作特点明确，为漳州地区制作。

图5-32-1　黄花梨螭龙纹翘头案挡板上的螭龙纹

图5-32　清早中期　黄花梨螭龙纹翘头案

长230.3厘米，宽41.3厘米，高87.3厘米

（选自王亚民：《故宫博物院藏明清家具全集》，故宫出版社，2015）

图5-33-1　黄花梨螭龙寿字纹翘头案牙头牙板上的云头纹

图5-33-2　黄花梨螭龙寿字纹翘头案挡板上的螭龙纹与寿字纹

7. 黄花梨螭龙寿字纹翘头案

黄花梨螭龙寿字纹翘头案（图5-33）特点：

（1）案面冰盘沿，上段平直圆润，下压一线。面沿出三个榫头。

（2）直腿混面，足外撇，边压平线。

（3）牙板边起宽皮条线，线外地子铲平。

（4）牙头、牙板近腿处左右各雕半个云头纹（图5-33-1）。这与某些闽作案子牙头、牙板上的螭龙纹、象面纹一类纹饰构图位置相同。

（5）挡板上变体壸门式开光内，上面雕一对两首相向的螭龙纹及变异寿字纹，下面为如意云头纹，如意云头纹上下左右各有两个小螭龙纹（图5-33-2）。

螭龙纹的主题是苍龙教子，在闽作家具上处处可见。

此式样大案子，在福建地区用铁梨木制作极多。

图5-33　清早中期　黄花梨螭龙寿字纹翘头案

长228厘米，宽52.5厘米，高92厘米

（选自邓南威：《隽永姚黄：中国明清黄花梨家具》，生活·读书·新知三联书店，2016）

8. 黄花梨拐子螭龙纹翘头案

黄花梨拐子螭龙纹翘头案（图5-34）特点：

（1）案面为独板，冰盘沿下压边线。大翘头与抹头一木连做。

（2）牙头为回勾状。牙头与牙板交汇的三角区雕无首螭龙纹，龙身分左右，贴在腿部两侧，龙尾外卷。三角区外侧雕拐子纹。

（3）直腿混面，足外撇。

（4）挡板开光轮廓起粗线，线外大铲地，开光内透雕大小螭龙纹（图5-34-1），螭龙为奔跑状，并且面面相对。大螭龙身尾卷曲过头，形态上方圆对比，非常生动。

此式样案子多为漳州地区家具。

明式家具上，杰出的大小螭龙图案通过眼睛、嘴巴的雕刻，往往把在人物形象中都难以表现的表情，在动物（神兽）脸上表现出来，如一方愤怒、严厉，一方胆怯、惊诧。

此类图案的重要意义还在于"文献价值"，明式家具上形形色色的螭龙纹含义均可由此"解码"。

图5-34-1 黄花梨拐子螭龙纹翘头案挡板上的大小螭龙纹

图5-34 清早期 黄花梨拐子螭龙纹翘头案

长156.5厘米，宽34.5厘米，高90厘米

（选自邓南威：《隽永姚黄：中国明清黄花梨家具》，生活·读书·新知三联书店，2016）

9. 黄花梨螭龙纹翘头案

黄花梨螭龙纹翘头案（图5-35）特点：

（1）案面为独板，翘头巨大，与抹头一木连做。

（2）牙头和牙板一木连做，腿上端两侧的牙板上雕有变异抽象的螭龙纹，对称布局，看似如意云纹。这是此类纹饰构图的惯用手法。

（3）直腿混面，两边起阳线，足端外撇。

（4）挡板上挖壶门式开光，其内透雕一大一小螭龙纹。大螭龙为团形，身尾绕过头。

此式样案子为漳州地区家具。

图5-35　清早中期　黄花梨螭龙纹翘头案

长188厘米，宽47.5厘米，高88.8厘米

（选自叶承耀：《楮檀室梦旅：攻玉山房藏明式黄花梨家具1》，香港中文大学文物馆）

10. 黄花梨螭龙纹翘头案

黄花梨螭龙纹翘头案（图5-36）特点：

（1）案面为独板，翘头如鸟头形，与抹头一木连做。此种翘头巨大，抹头外露出翘头部分的木头横茬。

（2）牙头与牙板交汇处的三角区均列入雕饰区内，大面积雕回纹。回纹成组运用、大小不一，螭龙纹尾端已演变为回纹。牙板与牙头起阳线，连绵而有序，线外大铲地。

（3）方腿混面，足为香炉足。

（4）挡板开光，边起粗线。开光内透雕大小螭龙纹（图5-36-1），张口瞠目，俯仰相向，威猛严肃，线条旋回流畅，刀法圆熟。

（5）足间横枨下，壸门牙板两端为钩云纹式。

此式样案子为泉州、漳州地区制作。

图5-36-1　黄花梨螭龙纹翘头案挡板开光内的大小螭龙纹

图5-36　清早中期　黄花梨螭龙纹翘头案

长337厘米，宽43厘米，高95厘米

（中国嘉德国际拍卖有限公司，2015年秋季）

11．黄花梨如意云头纹翘头案

黄花梨如意云头纹翘头案（图5-37）特点：

（1）案面为独板，冰盘沿上段混平，下端压一线。

（2）大翘头与抹头一木连做。

（3）牙头与牙板一木连做，用材奢豪。

（4）牙头曲线为钩云纹状。牙板与牙头交汇的三角区上各雕回纹，不同回纹上分别有横向"塔状"纹（图5-37-1）和竖向"塔状"纹。这表明"塔状"纹在漳州制作的家具上存在。在一些椅类靠背板开光中，双螭龙纹之间也有此种"塔状"纹。

（5）前后腿间置双枨，底枨上下边起阴线与双腿交圈。

（6）挡板内壶门式开光中间挖如意云头纹，其四角连接四个小如意云头。

（7）四腿为直腿，足外撇。

此式样的案多见于漳州地区。

图5-37-1　黄花梨如意云头纹翘头案牙头牙板回纹上的"塔状"纹

图5-37　清早中期　黄花梨如意云头纹翘头案

长208厘米，宽39.7厘米，高85.3厘米

（香港两依藏博物馆藏）

12. 黄花梨螭龙纹翘头案

黄花梨螭龙纹翘头案（图5-38）特点：

（1）案面为独板。牙头与牙板交汇处的三角区均雕饰子·母螭龙纹（图5-38-1），螭龙尾与回纹相接。牙板中心饰寿字纹，为"螭龙体"向"美术体"过渡的形态，应是较晚的式样。

（2）香炉腿，足外撇。足上饰相背的方折拐子纹（5-38-2）。

（3）挡板雕回纹式子·母螭龙纹。螭龙纹尾端已与回纹结合。

明式家具基本都存在这样的特点：雕刻工艺出现后，越是有特殊功能的器物，雕饰越华美绚丽。越上乘的家具，越要符合当时人的生活需求和审美追求。各种大案的造型和雕饰都说明了这一点。

此式样案子为漳州地区制作，也是清早期以后黄花梨翘头案进入雕饰鼎盛时期的典型作品。

图5-38-1 黄花梨螭龙纹翘头案牙头牙板上的螭龙纹

图5-38-2 黄花梨螭龙纹翘头案足上的相背方折拐子纹

图5-38 清早中期 黄花梨螭龙纹翘头案
长233.7厘米，宽41.3厘米，高90.2厘米
（苏富比纽约有限公司，1996年3月）

图5-39-1 黄花梨螭龙
寿字纹翘头案挡板上的
寿字纹与螭龙纹

13. 黄花梨螭龙寿字纹翘头案

黄花梨螭龙寿字纹翘头案（图5-39）特点：

（1）案面为独板，冰盘沿下压一线。大翘头面阴刻卷书纹。

（2）直腿中间起两炷香线，边起粗线。

（3）足为内外双马蹄足，足面雕拐子纹，这一特点值得注意。

（4）牙头扁宽，为钩云纹式。牙头与牙板交汇处的三角区雕硕大的回纹。

（5）挡板壶门式开光中纹饰繁复。中心又出圆开光，内雕"螭龙体"寿字纹
（图5-39-1）。其上端为相向的双螭龙纹，螭龙上吻部远长于下吻部。其下
为一对回首相望的螭龙纹。

（6）前后腿间的底枨下，牙板与牙头一木连做，牙头扁宽。

此式样案子为漳州地区制作。

图5-39 清早期 黄花梨螭龙寿字纹翘头案

长302厘米，宽49厘米，高89厘米

（选自莎拉·韩蕙：《中国建筑学视角下的明式家具》，2005）

14. 黄花梨万字纹平头案

黄花梨万字纹平头案（图5-40）特征：

（1）案面为独板。冰盘沿，下端压边线。

（2）牙板、牙头边起粗线。牙头为钩云纹式。

（3）四腿为方料直腿，面上起两炷香线。

（4）前后腿间攒接万字纹，这类万字纹做法在
闽作家具上可以见到。

此案为闽地制作。

图5-40　清早期　黄花梨万字纹平头案

长162.5厘米，宽51厘米，高85厘米

（选自古斯塔夫·艾克：《中国花梨家具图考》，地震出版社，1991）

七、多弧线牙头型

多弧线牙头形态为牙头与牙板一木连做，牙头下沿有多条弧线修饰。

1. 黄花梨螭龙象面纹翘头案

黄花梨螭龙象面纹翘头案（图5-41）特点：

（1）案面为独板。牙板与牙头为一木连做，相交处三角区雕象面纹。牙头下沿有三重弧线。

（2）挡板上雕六只大小螭龙（凤）纹（图5-41-1），表情丰富，面目各异。上面为大螭凤，其下为大螭龙，均面目威严，似开口训教，又像雷霆暴怒；下面为四只小螭龙，或凝神聆听，或交头接耳，或张口回应。整个图案刻画生动，表现了长幼间的教训与聆听，以及尊卑关系。这种大龙带小龙、大凤带小凤的图案中，大者开口叫喊，可以肯定是"苍龙（凤）教子"之意。匠师寥寥数刀将大小螭龙的身份、表情准确地刻画出来，雕刻功力达到了极致水平。这组螭龙螭凤形象堪称明式家具高超雕刻工艺的代表，也是古代神兽写实雕刻的佳作，成为明式家具雕刻艺术成就和观念表达的一个缩影。

（3）管脚枨下牙板雕螭尾纹。

此案漳州做工特点鲜明。

图5-41-1　黄花梨螭龙象面纹翘头案挡板上的子母螭龙螭凤纹

图5-41　清早期　黄花梨螭龙象面纹翘头案
长217厘米，宽47.5厘米，高90厘米
（北京元亨利文化艺术示范馆藏）

2. 黄花梨如意云头纹翘头案

黄花梨如意云头纹翘头案（图5-42）特点：

（1）案面为独板，面沿上段呈粗线状，中段向下收敛，下压一线。

（2）牙头透雕如意云头纹，腿的左右侧各半个。此如意云头纹虚实结合，与挡板上的如意云头纹相呼应。

（3）四腿为直腿，足外撇。

（4）挡板为独板，上挖如意云头纹。壶门式亮脚下有横枨。

图5-42　清早期　黄花梨如意云头纹翘头案（局部）

长291.5厘米，宽55厘米，高97.5厘米

（佳士得香港有限公司，2007年11月）

3．黄花梨寿字纹小翘头案

黄花梨寿字纹小翘头案（图5-43）特点：

（1）案面为独板，冰盘沿下压一线。案面两端有大翘头。

（2）牙板与牙头一木连做，牙板边起粗线，线外大铲地。
牙头下沿为多重曲线状。

（3）牙头上雕卷珠纹和拐子纹，均为拐子螭龙纹的演变
形态。

（4）直腿混面，双边压线，足外撇。

（5）前后腿间装挡板，挖圆开光，边起粗线，线外大铲地。
开光内雕团寿字纹，亦为"螭龙体"寿字纹的演变体。

此式样案子为漳州地区制作。

图5-43　清早期　黄花梨寿字纹小翘头案
长94厘米，宽32厘米，高51厘米
（香港两依藏博物馆藏）

4．黄花梨子鼠纹翘头案

黄花梨子鼠纹翘头案（图5-44）特点：

（1）案面为独板，冰盘沿平直圆润，下压一线。大翘头与抹头一木连做。

（2）牙板与牙头一木连做。牙头下沿为多弧线式，边起粗线。贴近双腿处浮雕一宽线，并向左右卷出云纹。吊头端部为上扬曲线，无横牙板堵头。

（3）四腿为直腿，足外撇。前后腿间置双枨，双枨间有挡板。底枨下为壶门牙板，两端为云钩纹。

（4）挡板上透雕一只老鼠纹和两朵灵芝纹（图5-44-1），值得关注。在古典家具上较多见此形象动物，一般常被认作兔子纹，但又不知如何解释其意。十二生肖中应不会只重兔子而无其他生肖。其实这是老鼠形象。鼠也被称为子鼠，古人取"子"字代表子嗣。老鼠本身繁殖力又极强，小鼠生下三个月即可生育。每鼠一年生四窝，一窝可生七八至十余只小鼠。这是强烈的繁衍后代的象征纹饰。所以以老鼠纹饰代表求子之寓意。在福建地区，还有各种材质的老鼠雕件，寓意也是相同的。只是此种鼠的形态一般塑造得比较肥硕，看起来像兔子罢了。在古代器物上，也常见松鼠葡萄（多籽）、松鼠偷瓜（多籽）等图案，还有老鼠嫁女的故事和绘画，都与婚嫁、求子活动相关。此式样的案为漳州地区制作。

图5-44-1　黄花梨子鼠纹翘头案挡板上的子鼠纹和灵芝纹

图5-44　清早中期　黄花梨子鼠纹翘头案
长274.3厘米，宽38.1厘米，高90厘米
（佳士得纽约有限公司，2012年11月）

图5-45-1 紫檀螭龙纹翘头案挡板上的螭龙纹

5. 紫檀螭龙纹翘头案

紫檀螭龙纹翘头案(图5-45)特点：

（1）案面攒框装心板，翘头与抹头一木连做。

（2）牙板边起粗线。牙头形态不典型，似草叶纹嵌于牙头拐弯处。牙头与牙板交汇处的三角区雕大嘴螭龙纹，尾部为卷草状，连接拐子回纹，其端部为钩状。

（3）腿面上下端浮雕壶门式阳线，并以一条直线贯穿上下。足外撇，上雕卷草状纹饰。

（4）前后腿间挡板上起一圈高高的粗线，构成委角长方形开光。开光外为大铲地典型做法。开光内雕大小螭龙纹（图5-45-1），螭龙尾为拐子状。

（5）底枨下，牙板与宽扁牙头一木连做，起粗边线，线外大铲地。

此案为漳州地区制作。

图5-45 清早中期 紫檀螭龙纹翘头案
长178厘米，宽41厘米，高91厘米
（选自蔡辰洋：《紫檀》，寒舍出版社，1996）

6. 鸡翅木螭龙纹翘头案

鸡翅木螭龙纹翘头案（图5-46）特点：

（1）案面为独板。冰盘沿上段平直圆润，下端压一阴线。

（2）牙头与牙板交汇处的三角区上雕团形螭龙纹（图5-46-1），身尾如草叶，连绵翻卷。

（3）牙板中间雕螭龙形福字纹（图5-46-2），为新奇的、变化的图案。

（4）四腿为直腿，中间饰宽皮条线，两边为混面，边压细线。

（5）足端正面起双牙云纹。

（6）挡板上雕拐子螭龙纹，为方折形态，与牙头牙板交汇处的三角区上的草叶状团形螭龙纹形成对比。

（7）侧面腿间横枨内退，两边阴线未与腿边线交圈。枨下为壸门牙板，两端出钩云纹。

此式样的案为漳州地区制作。

图5-46-1　鸡翅木螭龙纹翘头案三角区上的团形螭龙纹

图5-46-2　鸡翅木螭龙纹翘头案牙板中间的福字纹

图5-46　清中期　鸡翅木螭龙纹翘头案
长170厘米，宽44厘米，高93.5厘米
（广东留余斋藏）

图5-47-1 黄花梨扇子
带子纹翘头案牙头上的螭
龙纹

7. 黄花梨扇子带子纹翘头案

黄花梨扇子带子纹翘头案（图5-47）特点：

（1）牙板与牙头一木连做。牙头为多弧线式，边起相线。

（2）牙板中央雕一把扇子，两侧绸带翻飞。牙头与牙板交汇处的三角区两端各雕一对走兽式螭龙纹（图5-47-1）。此种扇子纹和带子纹（图5-47-2）为明式家具实物中仅见，扇子和带子图案谐音取义，分别谐"善子"和"带（来孩）子"之音，表达了主人的求子愿望，与婚嫁活动相关。

（3）四腿为直腿，足外撇。双枨间的挡板上雕螭龙纹。

（4）底枨下为壸门牙板，两端为钩云纹。

此式样的案为漳州地区制作。

图5-47-2 黄花梨扇子带子纹翘头案牙板上的扇子纹和带子纹

图5-47 清早期 黄花梨扇子带子纹翘头案

长186厘米，宽41.7厘米，高95.2厘米

（选自安思远：《洪氏所藏木器百图》，2005）

第二节　插肩榫案式

一、牙板插肩榫型

1. 鸡翅木独板插肩榫平头案

鸡翅木独板插肩榫平头案（图5-48）特点：

（1）案面为独板，两端拍抹头，与独板格角相接。

（2）牙板与大边上下平齐。牙板中段窄，两端宽，下沿呈罗锅枨式弧线。吊头下牙板亦出对应的弧线。

（3）腿子以插肩榫与案面和牙板相接。腿外平内圆，以示变化。

（4）前后腿间置一根罗锅枨，上下起弯处形成台阶状。

（5）足端为内外翻马蹄足。

此式样案为福建地区家具。

图5-48　清早中期　鸡翅木独板插肩榫平头案

长106厘米，宽30厘米，高88.5厘米

（广东留余斋藏）

2. 紫檀多层牙纹平头案

紫檀多层牙纹平头案（图5-49）特点：

（1）案面冰盘沿，中段起阳线，下段内收起边线。

（2）壸门牙板较窄，有曲线起伏。

（3）腿上饰两条阳线。腿足上部两侧出现多重牙纹。

（4）牙板与腿足小圆角相交，四腿挓度较小。

（5）足正面雕繁复的多重牙纹（图5-49-1）。

此式样案在闽作家具、苏作家具中均有制作。

图5-49　清早期　紫檀多层牙纹平头案

长106.5厘米，宽38.5厘米，高84厘米

（选自朱家溍：《故宫博物院藏文物精品大系·明清家具》，上海科学技术出版社，2002）

3. 紫檀拐子纹平头案

紫檀拐子纹平头案（图5-50）特点：

（1）侧脚似已消失，四腿近乎垂直于地面。此案牙板、牙头和腿足上出现若干条横向线脚或拐子纹，这些纹饰与侧脚显然不协调，因此，四腿必须走向垂直。常见的早期黄花梨插肩榫案子的腿足部多以竖向线脚做主体装饰，所有线条非横向，更无拐子纹、回纹。它们的腿子做出侧脚，没有违和感。到了清早中期，案子腿部或牙头上出现横向纹饰，于是，侧脚逐渐消失，腿足慢慢变为垂直形态。清式家具的特点就如此一步步演变而来。

（2）云纹牙头为变异形态，形如建筑斗拱结构中弓形的"拱"，支撑着牙板。这是云纹牙头体量扩大后出现的一个新式样，也是仅见的式样，其他插肩榫案子上此前未有过这种设计。

（3）足部两侧雕内外仰覆云纹，其上浮雕相背的拐子纹（图5-50-1）。这些都表明此案接近清中期风格。

（4）前后腿间的横枨下移，为变异形态，前所未有。

（5）宽度为条案之最，极少见。

紫檀拐子纹平头案表现出明式插肩榫案子发展到最终形态的特征，一切都与早期云纹牙头案风格相去甚远。此案牙头之拱式，可以让人联想起黄花梨螭龙纹条桌（图6-102），它们年份大致相当。只是此案偏素，彼桌尚繁。

此式样案子多见于福建地区。

图5-50-1 紫檀拐子纹平头案足部的拐子纹

图5-50 清早中期—清中期 紫檀拐子纹平头案
长192.8厘米，宽102.5厘米，高83厘米
（选自庄贵仑：《庄氏家族捐赠上海博物馆明清家具集萃》，两木出版社，1998）

图5-51-1 红木拐子
纹方头案足下的须弥
座式托泥

二、大边插肩榫型

1. 红木拐子纹方头案

红木拐子纹方头案（图5-51）特点：

（1）直腿以格肩榫与大边相交，此格肩榫为插肩榫的演变体。这种结构年代晚于常见之夹头榫、插肩榫结构。

（2）案面两端下方攒拐子，成变体吊头、牙板，此类案子应专称为"方头案"，不再沿用平头案之名。

（3）左右两腿间攒框，形成变体牙板。攒框内四边垛边，形成套框。

（4）腿上端两侧为一木挖出的变体牙头。

（5）前后腿间，下段为四条牙条组成的圈口。

（6）托泥为须弥座式（图5-51-1）。

此案兼具闽作家具、广作家具风格。

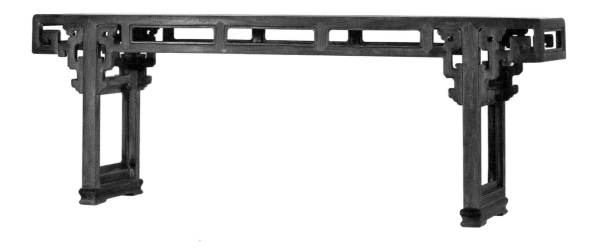

图5-51 清中期—清晚期 红木拐子纹方头案
长258厘米，宽49厘米，高91厘米
（澳门中国根有限公司）

2. 红木拐子纹外翻足方头案

红木拐子纹外翻足方头案（图5-52）特点：

（1）案面攒框装板，面沿为混面，上下起边线。

（2）直腿与大边以格肩榫相接，为插肩榫的演变体。新结构更利
于展示繁复的看面。

（3）腿于中段外转，成两截腿。腿面两边起线，中间为混面。

（4）前腿间，为攒拐子纹牙板、牙头，中心是两个相背的拐子纹
结合，两侧各饰小拐子纹。吊头处攒多个拐子纹，形成螭龙纹。

（5）足端外翻成拐子状。

（6）前后腿间置两根直枨。

（7）所有的拐子纹构件上均起线，有极高的阳线，也有阴线。一
个拐子纹上有几层雕刻面，巧妙形成一种新颖的形象。这是清中
晚期闽作家具上的一个显著特征。

此案为漳州代表性做工。

图5-52 清中晚期 红木拐子纹外翻足方头案
长236厘米，宽68.5厘米，高123厘米
（上海匡时拍卖有限公司，2017年秋季）

三、折叠插肩榫型

1. 黑红大漆折叠平头案

黑红大漆折叠平头案（图5-53）特点：

（1）四腿为展腿，腿上部以插肩榫与牙头、案面相交。四腿可向内折叠，使此案成为矮案（图5-53-1）。

（2）案面下有可调支架（图5-53-2），用于调整四腿的折叠和展开。

（3）左右腿间连以罗锅枨，案腿折叠后，此枨成为矮案的托泥。其他与此案相似的案子的展腿上多雕有螭龙头纹，这类案俗称"龙头案"。

（4）牙板中间板窄，两头变宽，宽窄交接处出尖牙纹。

此案为福建北部、西部地区制作，材质多为鸡翅木和大漆柴木。

图5-53-1　黑红大漆折叠平头案折叠后成矮案样子

图5-53-2　黑红大漆折叠平头案面下的可调支架

图5-53　清中期—清晚期　黑红大漆折叠平头案
长109厘米，宽65厘米，高91厘米
（澳门中国根有限公司）

第三节 平肩榫案式

常规观点认为：无论是平头案还是翘头案，腿与案面、牙板相交处的榫卯只可分为夹头榫、插肩榫两类。实际上，还有第三种榫卯，即齐肩式，又称为"外挂牙板榫"（王世襄称其为插肩榫变体）。为与"齐肩榫"名词区别，可称为平肩榫。它自成一类，在闽作家具、苏作家具上均可见。

平肩榫的结构为腿上端与牙头齐肩相接。牙板、牙头内口开出槽沟，而腿足上端内口做出挂销（舌头）与槽沟相挂，牙板外端为平肩状。腿上端榫头纳入案面卯眼，完成贯穿组合。

平肩榫案的实物在早中期明式家具中未有发现，可以推断其出现时间较晚。明式家具多有侧脚，平肩榫由于齐肩的牙头底线不太适宜侧脚，所以制作较少。它主要制作于清早期以后。

平肩榫牙头更适合与垂直的腿足相接。清早期后，平肩榫牙头在闽、苏等地有所发展。在闽作家具上，这种式样的直角牙头多变为弧线形牙头。

1. 黄花梨独板平头案

黄花梨独板平头案（图5-54）特点：

（1）案面为独板，俗称为"一块玉"。案面长452.5厘米，中部厚9厘米，两端厚8厘米。如此，在视觉上有等宽效应。巨大的独板更具有立体感、物理量感，给人的心理量感也更大。

（2）上长下短的横枨作用如"替木式"牙头。横枨厚度与独板案面相近，与方料直腿相互呼应，立面为混面。

（3）两腿间置三根横枨，隔成上下两个空间，其中四周各嵌以牙条，形成上下两个圈口（图5-54-1）。这是莆田仙游工的特色。

图5-54-1 黄花梨独板平头案腿间的两个圈口

（4）腿间中间横枨两端出梯形格肩榫，这种榫卯又俗称"小格肩榫""半格肩榫"，是最晚出现的榫卯形态，也是比较讲究的榫卯形态。梯形格肩榫与腿足交圈时，使上下左右线脚贯通相融，在视觉上比尖头格肩榫更美观。同时它比格肩榫对腿子伤损小。笔者认为，此案年代为清早期，根据就是案子的装饰和结构呈示出了变化发展后的形态。

（5）足下安托泥，上有三层台阶状修饰。

行家们对此黄花梨独板平头案的年代争议较大。有人认为，它制作于明晚期；也有人认为，它生产在18世纪；居中的观点是，它制作于明末清初。这几种说法将明式家具发展的几个重要时期都占全了，前后相去甚远。明式家具年代难以确定之因，一是判断标准难以把握，公说公有理，婆说婆有理。二是出于当时的商业目的，断代话语"就高不就低"，能往早说不往晚说。

年代争议过程中，持何种观点都不是最重要的，最重要的是拿出论据和论证的过程。一些没有任何论证的论断更加重了明式家具年代讨论中"说什么都行"的局面。严谨的学术讨论允许最初提出的观点被证伪，但不承认从来没有论据和论证过程的"权威"结论。

本案长4.5米有余，为所见到传世最大的黄花梨独板条案，是豪奢使用黄花梨大料的代表作品。

3米以上案子已属大案，这种4.5米的巨案的出现堪称石破天惊。但它竟然光素无饰。如此一款重器，豪奢硕大，却无雕无纹，有违常理。但其托泥和挡板的修饰和榫头形态，表明其年代就是清早期。所以，此黄花梨独板平头案是明式家具"第二条发展轨迹"上的产物。

从统计数据看，超过2.5米以上的大案绝大多数为清早期以后制作，再早时，少有如此大体量的家具。这样超越人体尺度的超长超大之作，流行于明式家具尾声时期，是"观赏面不断加大法则"的表现，也是这类家具越来越注意社会性、象征性的结果。

寻找光素实用与豪华贵重之间的"最大公约数"，是各类商品制作和消费的特点，也表现了明式家具的一个特点。这在许多明式家具的人型器物上存在，如大型顶箱柜、大宝座。在诸如笔筒、镜架、官皮箱等大量制作和使用的小型器物上也有更多体现。同时，此案的做工为莆田仙游工，莆田仙游工本身就比漳州工简素，喜爱线脚装饰。

图5-54 清早期 黄花梨独板平头案

长452.5厘米，宽56.5厘米，高93厘米

（选自伍嘉恩：《明式家具二十年经眼录》，故宫出版社，2010）

2. 龙眼木平肩榫翘头案

龙眼木平肩榫翘头案（图5-55）特点：

（1）案面为独板，两端安翘头，形如鸟头。

（2）牙板与牙头一木连做，牙头为弧线状。牙头、牙板面上起两条等宽的弧形粗线，线外全部铲地。

（3）结构为平肩榫式，腿上端内侧榫头穿过牙头，再纳入案板的榫眼中。

（4）前后腿间挡板上浮雕几何形寿字纹，纹内外大铲地，为莆仙特色。

（5）腿面方正平直，下有托泥。托泥面为方形，上端呈梯形形状。

此案为典型的莆田仙游工艺和造型。当地还有其他各类材质制作的同款式案。

图5-55　清晚期　龙眼木平肩榫翘头案
长218厘米，宽38.1厘米，高102厘米
（苏富比纽约有限公司，1992年12月）

3. 鸡翅木平肩榫翘头案

鸡翅木平肩榫翘头案（图5-56）特点：

（1）平肩榫结构，牙板与牙头一木连做。

（2）牙板与牙头交汇处的三角区，上端雕螭龙纹，下端云纹牙头上雕螭凤纹，形成龙凤呈祥之态。此螭龙纹、螭凤纹形态变异抽象，尤其是螭凤纹，如果不仔细辨认，不知究竟。可见时代之特征。牙板中心雕上下两组纹饰，均左右对称，为变异之螭尾纹。

（3）四腿为香炉腿，足端外撇。

（4）挡板为楠木，左右雕螭龙纹（图5-56-1），中间为变异螭龙纹，组成香炉形寿字纹形态。螭龙纹上阴刻卷珠纹。

此案为漳州地区制作。

图5-56　清中晚期　鸡翅木平肩榫翘头案（局部）

长238厘米，宽62.5厘米，高99厘米

（北京少帅古韵藏）

图5-56-1　鸡翅木平肩榫翘头案楠木挡板上的螭龙纹

第四节　替木牙头案式

常规的案子结构是牙头之间有牙板。但是，另有一种少见的结构是两个牙头间没有牙板，即两牙头没有连为一体。这种牙头形如古建筑中的"替木"，可称之为"替木式"牙头。

替木是中国古代木建筑上的重要构件，宋代称其为"角替"，清代称其为"雀替"，也被称为"托木""插角"。替木置于柱与梁（左右为梁）、枋（进深为枋）的交接处，其力学作用是：减少梁与枋的净跨度，增强其承载力；减少梁与柱相接处的向下重力（剪力）；防止柱与梁的角度发生倾斜。同时，替木还具有审美观赏价值。它在柱的上端左右对称陈设，犹如美丽的翅膀，婉转的曲线增加了其视觉审美效果，成为柱头上的装饰物。

通过研究建筑史可以确认：木建筑上的替木虽然基于力学功能而生，但其后的发展更多偏向于装饰审美，中国重要的木建筑上，没有一处无替木。借此，可以理解明式家具案子上的牙头、牙板的由来，以及它们来自力学、趋向审美的历史发展态势。

明清案类上的替木做法保留了五代、宋式案的遗风。很多出土实物和古画就能证明这一点：在江苏邗江蔡庄五代墓出土的木榻上可见替木式牙头[1]；河南偃师酒流沟水库北宋墓的砖刻《庖厨图》（拓片，图5-57）中的平头案上有替木式牙头；在河北巨鹿出土的北宋木桌腿足上端有替木牙头；宋代《槐荫消夏图》（图5-58）中的案子亦有替木式牙头。后两者牙头下加了顺枨，起到力学上的支撑作用。

可以观察到极个别清早期以后的案子已雕饰甚繁，但牙头上仍保留了此种替木旧式，可谓保留了古建筑的遗风。

黄花梨独板平头案（图5-54）也是替木式牙头。此案既不是架几案，也不是常见之带牙板平头案。它并未使用将两端牙头连为一体的牙板，双腿上两个牙头形如建筑上的替木，支撑着案面，也美化了造型。

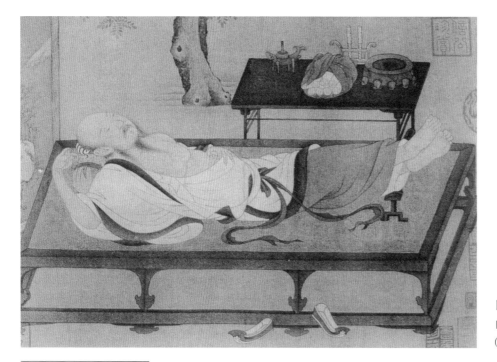

图5-57　北宋 《庖厨图》（拓片）中的替木式牙头案
（中国国家博物馆藏）

图5-58　宋 《槐荫消夏图》中的替木牙头案子
（故宫博物院藏）

---

[1] 张五生、徐良玉：《江苏邗江五代墓清理简报》，《文物》1980年第8期。

图5-59-1 黄花梨替木
牙头翘头案挡板上的如意
云头纹

1. 黄花梨替木牙头翘头案

黄花梨替木牙头翘头案（图5-59）特点：

（1）案面为独板，下垛窄边，其上打洼线。

（2）精巧的小翘头下端盖住独板案面两端的木材横茬。翘头与抹头一木连做。

（3）腿子与案面、牙头相交处为夹头榫结构。牙头左右外轮廓曲折多变，雕钩云纹，呈对称三角状。牙头表面浮雕卷珠纹。牙头间无牙板，也无堵头横牙板。

（4）挡板上锼挖如意云头纹（图5-59-1），如意云头纹上浮雕圆珠纹，这些都表明此案年代较晚。

此案具有闽南漳州地区的制作风格。

图5-59 清早期 黄花梨替木牙头翘头案

长280厘米，宽57厘米，高87厘米

（选自中国古典家具学会：《中国家具文章选辑1984-2003》）

2. 黄花梨替木牙头翘头案

黄花梨替木牙头翘头案（图5-60）特点：

（1）案面为独板。按照典范的匠作工艺，案面下垛边，以增加视觉上的案面厚度，使其与案之长度相协调。

（2）牙头呈对称三角状，外轮廓曲折多变，为钩云纹状，表面浮雕草叶纹，甚为简化。

（3）挡板上镂挖如意云头纹，如意云头纹上浮雕圆珠纹。

到了较晚的年代，某些案子已有雕饰，但仍保留了替木牙头，表现出传承中的滞后性。在后来"乾隆工"的紫檀条案上也可见替木牙头。替木牙头小众而寡见，但却历史悠久且传承有序。

此案具有泉州、漳州等闽南地区的制作风格。

图5-60 清早中期 黄花梨替木牙头翘头案

长244.4厘米，宽50.6厘米，高93厘米

（中贸圣佳国际拍卖有限公司，2019年春季）

3. 龙眼木替木牙头翘头案

龙眼木替木牙头翘头案（图5-61）特点：

（1）案面为独板，无起线。翘头竖直。

（2）钩云纹牙头为替木式样，牙头间无牙板。

（3）挡板内侧雕变体寿字纹，字体几经演变，寿字原形几乎不见踪影了。这种字形独见于莆田仙游地区制作的案子挡板上。

北京保利国际拍卖有限公司在大众鉴藏第二期拍卖会上，拍品0599号为清代龙眼木无牙板翘头案（长287厘米、宽60厘米、高93厘米），案面为独板，有翘头。牙头为替木式，无牙板，牙头面上浮雕螭龙纹。直腿混面，下承托泥，托泥正面平头。此龙眼木案进一步表明替木牙头翘头案在闽作中有制作。

图5-61 清中晚期 龙眼木替木牙头翘头案
长205.8厘米，宽50.8厘米，高86.4厘米
（邦翰斯拍卖有限公司，2009年9月）

图5-62-1 黄花梨独板架几案
落地枨上的粽角榫结构

第五节 架几案式

架几案以独板或攒框装板为案面，因案面下架以双几而得名。但即以案为名，腿应在案面内侧，而非与案面两端齐平，方为案体结构。但今人摆放，好取案面两端与几子齐平，已成桌状。若细究，案体结构摆放更为科学，可防日久案面塌腰不平。架几案出现较晚，应是清代之物。

1. 黄花梨独板架几案

黄花梨独板架几案（图5-62）特点：

（1）案面为独板，俗称"一块玉"。

（2）架几方正而饱满，空透而健挺。

（3）架几框面打洼，这是闽作家具常见的符号。框内为三面直牙板券口，三块牙板上均起线，边角并列多条线脚。线内大起地，地子铲平。

整个架几案式样简洁，但线脚累累，富有装饰。此案仅用直材，就营造出了美妙的线、面、体。此架几案虽然光素，但其四足与落地枨为粽角榫结体结构（图5-62-1），表明其年代偏晚。

这种结构出现较晚，又沿袭长久，至清晚期红木家具上仍有使用。

如果一种结构或纹饰在一般的黄花梨家具上少见，而又多见于清中期的紫檀家具或清晚期的红木家具上。那么，大致可以推断这种结构或纹饰应出现较晚，最早为明式家具末期之物。

此案为漳州地区制作。

图5-62 清早期 黄花梨独板架几案
长237.5厘米，宽42.5厘米，高92.7厘米
（选自安思远：《洪氏所藏木器百图》，2005）

2. 黄花梨带抽屉架几案

黄花梨带抽屉架几案（图5-63）特点：

（1）案面为厚硕的独板。

（2）几面冰盘沿，其上打洼，其下有束腰。

（3）牙板下饰一对相连的角牙，上雕抽象的螭龙纹（图5-63-1）。

一般闽作架几案无此构件，这是增多的装饰。

（4）腿中上部有暗抽屉，其上面自然成屉。

（5）马蹄足高，下部趋尖，外圆内平，这是莆田仙游工的特点。

此架几案92厘米的高度，亦为闽作家具特色。

图5-63-1 黄花梨带抽屉架几案上的螭龙纹

图5-63 清早期 黄花梨带抽屉架几案

长287.7厘米，宽35.6厘米，高92.7厘米

（佳士得纽约有限公司，2012年3月）

3. 黄花梨螭龙纹架几案

黄花梨螭龙纹架几案（图5-64）特点：

（1）案面为独板。

（2）几子为四平面式，边抹下加牙条，面上雕两个侧面螭龙纹（图5-64-1），合二为一，形似正面螭龙的形象。牙条下沿曲折多变。

（3）四腿中间置横枨，其下左右两个角牙上各雕螭龙纹。螭龙上下吻部均出左右相向的尖牙纹，同时又分别构成闭合双牙纹和不闭合的双牙纹，面上卷珠纹分布上下，为典型的闽地符号。

（4）四枨中间装厚板，面上雕玉璧纹。

（5）四腿为直腿，马蹄足方正，线条鲜明。

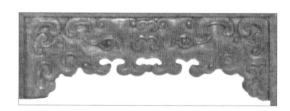

图5-64-1　黄花梨螭龙纹架几案架几大边下的螭龙纹牙条

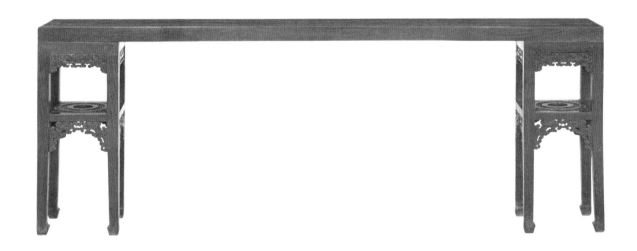

图5-64　清早中期　黄花梨螭龙纹架几案
长268.5厘米，宽35.4厘米，高89.6厘米
（选自王亚民：《故宫博物院藏明清家具全集》，故宫出版社，2015）

古往今来，福建宗祠总数一直名列全国第一。

宗祠就是神庙，是宗族、大家族祭祀祖先和山川、天地神灵的场地和建筑。在朱熹《家礼》的影响下，宋代莆田仙游地区出现了"族祠"这一名词。明代嘉靖十五年（1536年）后，朝廷"许民间得联宗之庙，于是宗祠遍天下"。以往品官家庙制逐渐庶民化，全国各地掀起了前所未有的宗祠建设热潮。当然，这种情景产生的基础是当时经济的繁荣。

闽南的宗祠几乎都是明代嘉靖、万历年后陆续建立的。明代莆田人郑岳说："莆右族必有祠，祠必有祭。[1]"清乾隆时期，莆田县城内五分之一的地方用于建祠堂。

明清时期，宗族聚居和宗族活动，南强北弱，南方又以福建、广东最强，闽广的祠堂建设也最强大。这与两个地区历来重视宗族关系密切相关。"2015年8月调查显示，福建省宗祠总数约在13272座，平均每万人拥有359座，每个县、市、区拥有156座。[2]"如此数量的宗祠，何其壮哉。

祭祀之目的是加强宗族管理，壮大宗族实力，彰显宗族形象，所以仪式感极端强化。越富有强盛之宗族，祭祀活动越风光兴隆。族人盛装而行，击鼓鸣乐，燃放鞭炮，献礼共数十道程序。

同一祖先的"五服之亲"为一个宗族。祠堂、族谱、族田，是宗族的三大要素。

"有些历史悠久的大宗族，在寝堂的桌子上往往陈列着几十块甚至上百块神主主牌。神主牌上一一镌刻着祖先的名讳、生卒时间、及第情况及得到过的功名、官位，供后世祭奠。有些宗族的神案上分若干层，最高层安置始祖，以下按照世亲昭穆次序分列神主牌。[3]"

宗祠之外，尚有专门祭祀某些贤达的专祠：有属于历史名人祠，如孔庙；还有自然神和神灵人物的神祠，如妈祖庙。

大家族的厅堂也会用于"冠婚丧祭"活动，大厅后部放祖先牌位，"实际上相当于古代的家庙"。

宗祠还衍生出宗族事物办公场所的使用功能，可进行其他宗族活动，如续写族谱，庆贺族人的生日，举办入学之入泮礼、年至十五的冠礼、庆贺取得功名、娶亲喜礼、丧祭仪式等。

各大宗族无不重视教育中心，家族祠堂往往附设义学义塾，在祠塾里直接办学。同时，祠堂中的公产一部分用于办学、参加乡试、会试、殿试费用，并对中第者予以银两奖励。

在许多祠堂的对联上，也可以看到对麒麟送子、科考求禄的祝愿，如"不愧祖先惟孝弟，克光门第在读书""送骥登长路，看鹏入远天""桂馥兰馨，科甲卜蝉

① （明）郑岳：《山斋文集》，载清乾隆《莆田县志》卷二《风俗记》。
② 福建省图书馆：《福建宗祠名录》，海峡文艺出版社，2017。
③ 王鹤鸣、王澄：《中国祠堂通论》，上海古籍出版社，2013，第286页。

图5-65 泉州古代宗祠内景照片
（古斯塔夫·艾克：《中国花梨
家具图考》，地震出版社）

联之庆；瓜绵椒衍，人丁叶麟趾之祥""前此人文蔚起，游泮水而列贤书；频看甲第连绵，掇巍科而登显宦"。女子通常不能进入祠堂活动。但唯一例外，出嫁之日要入祠告别祖宗牌位，也是另外一种形式的祭奠。

历史上，福建人反抗重农轻商、开辟海上贸易，有强烈的兼容性。闽文化一方面有非正统性；另一方面，它又强调自己是中原士族之后，重儒尚礼，带有浓厚的中原血缘文化和宗法文化。闽南人家门楣上，多见某某大姓"衍派""流芳"文字，标榜中原祖先出处。

闽南人修建家族宗祠举全族之力而为之。明晚期后，闽南（以漳州为主）南洋移民骤增，他们勤劳经营，多有家资。进而慷慨捐资乡里，其首务是建宗族祠堂。

一般情景下，村落发展是以宗祠为中心在平面上展开的。祠堂自然高大雄伟，卓然超越四周的民宅。

宗祠、家庙是宗族、家族的精神圣地，是全族人的门面，其规模大与小，建制的精致与粗糙，都反映了族人的兴衰荣枯。其用品也就成为宗族的物质标志和象征。"设主龛务求宏丽……位置必先祖而后神。"祠堂及其中的家具都不可避免地被赋予财富、阶层的文化意义。闽地多黄花梨宗祠大供案，无论是平头案还是翘头案。数量极多、器型高大，构成其特征。供案用于享堂中心，牌位供于案上。祭祖时，大案前摆放供桌或小供案，其上分别陈放祭器和祭品，如五供之香炉、烛台、花觚和"牺牲"、菜肴、瓜果等。

1994年，德国人艾克出版了中国硬木家具的首部著作《中国花梨家具图考》，其中有一幅照片记录了泉州古代祠堂内景（图5-65），明确可见供案的陈放和宗族对有状元功名者的旌表。

作为与祭祀最直接相关的祭祀供案、供桌等，成为社会结构中权利和价值关系的化身，每个大案子、长条桌都是当时大姓宗族地位的象征，是维系着宗族荣耀的具体表现。大案子是最富仪式感的家具，是通神的台阶，是向神明祈福的最高精神化的器物，也是精神符号、象征意义最强的家具。大案子成为宗族的名片，是一族脸面。它一定是名师名匠操刀而为。

同时，大案子极多地反映着闽地先民重祭、重神佛、重亲血关系的传统。在家具上，表现为供案、供桌作为祭祖的重要家具，也是有不同区域的特征。

闽地多见大案、长桌，其上多有"苍龙教子"寓意之螭龙纹，也正是祠堂助学的历史说明和折射。螭龙纹貌似怪诞、奇异，实质是内涵明确的符号，是对后代子孙刻苦读书、登科及第的鼓励。

第六节　炕案式

1. 黄花梨灵芝山石纹独板炕案

黄花梨灵芝山石纹独板炕案（图5-66）特点：

（1）案面为独板，面沿下压一条阴线。翘头与抹头一木连做。

（2）牙板与牙头一木连做。牙头边沿为三重弧线状，面上顺势雕草芽纹（图5-66-1）。

（3）四腿为直腿，足外撇。

（4）挡板上的委角长方形开光中，透雕灵芝山石纹（图5-66-2）。

此案具有泉州、漳州等闽南地区的制作风格，也带有偏广东地区的制作风格。

图5-66-1　黄花梨灵芝山石纹独板炕案牙头边沿上的草芽纹

图5-66-2　黄花梨灵芝山石纹独板炕案挡板上透雕的灵芝山石纹

图5-66　清早期　黄花梨灵芝山石纹独板炕案

长104.2厘米，宽24.8厘米，高22.8厘米

（选自安思远：《洪氏所藏木器百图》，2005）

2. 黄花梨独板炕案

黄花梨独板炕案（图5-67）特点：

（1）案面为独板，翘头与抹头一木连做。

（2）牙板与牙头一木连做，牙头与牙板交汇处的三角区上
雕团形螭龙纹（图5-67-1），边起粗线。牙板两端露明榫。

（3）四腿为直腿，足外撇。

（4）腿间为四条牙板的圈口。

此案具有闽南漳州地区的制作风格。

图5-67-1　黄花梨独
板炕案牙头与牙板交汇
处的三角区上的螭龙纹

图5-67　清早期　黄花梨独板炕案
长131厘米，宽34厘米，高30厘米
（中国嘉德国际拍卖有限公司，2014年秋季）

第六章

桌 类

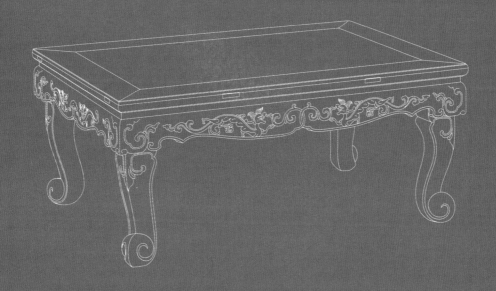

桌子是明式家具中的大类，繁盛多样，杰作纷呈。其大致可分为二十余式，这里所说的分式只是着眼于器物某个具体特点而为之的，不是严格的并列性分类，若干地方存在着交叉形态。

这里把桌子的多样性展示出来，让读者一次性了解这二十多种桌类家具，就基本把握了闽作明清桌子貌似繁不胜数的式样。它们或是一个地区的不同桌子样式，或是不同地区的不同桌子造型。同时，还有不同时代的表现。除了式样之外，高度也是推断桌子产地的依据之一。苏作地区典型式样的桌子基本高度不超过84厘米（展腿桌等特殊器型除外）。出版物中，可见明确的苏作软木家具，如《江南明式家具过眼录》中那些出自江南地区的桌子，实物高度均在83厘米以下。[①]

此章首先介绍霸王枨桌式、罗锅枨桌式，这是桌类中两大基本的结构式样。

第一节　霸王枨桌式

霸王枨，一说此枨支撑力大若霸王，故得名，可见其力学功能。它和罗锅枨一样，广泛使用于各种类别的桌子上，承担力学功能。枨的上端与桌面下的穿带等构件相连，并用销钉固定。枨下端以勾挂垫榫（也有无垫榫的）与腿足接合。它是三角形稳定性结构原理的应用，但以曲线美化了。此式分为束腰型和无束腰型。

一、束腰型

1. 黄花梨霸王枨方桌

黄花梨霸王枨方桌（图6-1）特点：

（1）桌面攒框装板，面板两拼，面上起拦水线。冰盘沿上起阳线，线上打洼。

（2）矮束腰与牙板一木连做。牙板与四腿圆角相交，由关门钉锁死。牙板起线打洼，延至腿足。

（3）四腿与桌面间安方材霸王枨。足部方正。

此式样方桌在闽苏两地均有制作。

图6-1　清早期　黄花梨霸王枨方桌
长96厘米，宽96厘米，高86厘米
（原美国加州中国古典家具博物馆藏）

① 陈乃明：《江南明式家具过眼录》，浙江人民美术出版社，2019。

2．黄花梨霸王枨条桌

黄花梨霸王枨条桌（图6-2）特点：

（1）桌面边抹上起拦水线。冰盘沿打洼。

（2）矮束腰与牙板一木连做。牙板与四腿圆角相交，以打洼皮条线贯通上下边缘。

（3）霸王枨为三弯形，与桌子方正平直的大形态形成对比。其横截面为方形。

（4）马蹄足磨损严重。

此式样条桌在闽作家具、苏作家具中均有制作，但此等88厘米之高者为闽作家具。

明代《月露音》版画插图上可见霸王枨束腰方桌（图6-3）。

图6-3 明 《月露音》插图中的霸王枨方桌

（台北故宫博物院：《明代版画丛刊》）

图6-2 清早期 黄花梨霸王枨条桌

长113厘米，宽66厘米，高88厘米

（中贸圣佳国际拍卖有限公司，2016年春季）

图6-4-1 黄花梨双牙纹霸
王枨方桌牙头上的双牙云纹

二、无束腰型

1. 黄花梨双牙云纹霸王枨方桌

黄花梨双牙纹霸王枨方桌（图6-4）特点：

（1）桌面攒框装板，面板两拼，边沿为冰盘沿。

（2）四腿为圆腿，有霸王枨支撑。

（3）腿间置窄牙板。牙头锼双牙云纹（图6-4-1），双
牙分离，而且距离较大，为双牙云纹发展后的形态。

（4）桌高达86.5厘米，高度表明它为闽地生产。

此式样方桌在闽作家具、苏作家具中均有制作。

图6-4 清早中期 黄花梨双牙云纹霸王枨方桌
长97厘米，宽96.5厘米，高86.5厘米
（选自朱家溍：《故宫博物院藏文物珍品大系·明清家具》，
上海科学技术出版社，2002）

第二节　罗锅枨（加矮老、卡子花）桌式

在桌子上，罗锅枨是使用最普遍的支撑构件。它又是"常青树"款式，传承于各时期，涉及黄花梨、紫檀、红木、柴木家具。它可以解决对家具四腿的支撑，制作工艺也比较简单，因此就拥有了持久的生命力。

为了增加观赏立面，匠人们在罗锅枨形式的基础上，增加了矮老、卡子花、打槽装板开鱼门洞等工艺和形式，以朴素的木条、木板进行拼接，组合出一个个精彩的观赏面，创造出更活跃、更丰富的视觉感受。罗锅枨桌子又可分为束腰型和无束腰型两种类型。

一、束腰型

1. 黄花梨罗锅枨条桌

黄花梨罗锅枨条桌（图6-5）特点：

（1）桌面攒框装独板。矮束腰与牙板一木连做。牙板与四腿交接处呈小圆角状，边缘起阳线。

（2）方料直腿，腿间置罗锅枨。足部内翻马蹄，马蹄较高。桌高为86.5厘米，可知其为闽地制作。

此桌为桌类造型中常见的简洁款式，为清早中期作品。这种光素的条桌多种材质都有制作，生命力又很强，从明晚期至清晚期。辨识其年份，可以观察其马蹄足高矮、现存整体身高、皮壳、磨损等情况。

这款桌子罗锅枨的造型，毋庸讳言，凡常之作。相比加卡子花式罗锅枨等，它的看面略显空疏，也不及抵牙罗锅枨结构紧凑。但是，在结构上，它可以轻松地解决对四腿的支撑，"性价比"高，因此一款常流传。

2. 黄花梨螭龙纹条桌

黄花梨螭龙纹条桌（图6-6）特点：

（1）桌面镶绿石板，边抹为冰盘沿。桌面下有矮束腰。

（2）壶门牙板中间的"草叶状"纹饰与两旁的螭龙纹的尾部形态保持着一致性，图案鲜明地表现出此"草叶状"纹饰为螭尾纹变体。

（3）腿肩部纹饰为螭龙纹变异体。

（4）马蹄足较高，这种高高的马蹄形态多见于闽作家具，闽作家具上马蹄足高者可达8厘米。四腿间有罗锅枨。

明式桌子牙板上，有雕刻装饰者，多是雕刻螭龙纹或作为螭龙纹简化体的螭尾纹，组合为子-母螭龙纹。

此式样的条桌在闽作家具、苏作家具中均有制作，但是此桌高度表明其为闽地生产。

图6-5 清早中期 黄花梨罗锅枨条桌
长82.3厘米，宽41.2厘米，高86.5厘米
（中贸圣佳国际拍卖有限公司，2017年春季）

图6-6 清早中期 黄花梨螭龙纹条桌
长98.5厘米，宽55厘米，高87.5厘米
（选自侣明室：《永恒的明式家具》，紫禁城出版社，2006）

3. 黄花梨灵芝螭尾纹方桌

黄花梨灵芝螭尾纹方桌（图6-7）特点：

（1）整个牙板饰子母螭龙纹，雕工锦绣纷繁，呈现出"紫檀工"萌芽时期的风格。牙板上有分心花，其左右雕螭龙纹，螭尾上出现灵芝纹和云朵纹（图6-7-1）。

（2）腿肩饰变体螭龙纹。

（3）马蹄足极高。此高度展示出闽作家具风格。此类高马蹄足也明确其制作年代偏晚。

图6-7-1　黄花梨灵芝螭尾纹方桌牙板上的螭尾纹、灵芝纹和云朵纹

图6-7　清早中期　黄花梨灵芝螭尾纹方桌
长90厘米，宽90厘米，高87厘米
（北京元亨利文化艺术示范馆藏）

4. 黄花梨草芽纹方桌

黄花梨草芽纹方桌（图6-8）特点：

（1）边抹较薄，其下有矮束腰。马蹄足较高。

（2）牙板上纹饰呈线状，是螭龙纹的终极简化形态。分心花处纹饰如云纹，其两边为草芽纹。牙板两端下沿出两个牙纹，其上浮雕套勾在一起的草芽纹。这些都是明式家具纹饰演变中简化一脉发展到最后的形态。在明式家具末期，螭尾纹演变出多种形态，草芽纹就是其中一种；清中期后，草芽纹继续延用。

此桌的高度表明其产地为闽地。尽管这种款式的方桌苏地亦制作，但不会如此之高。此类桌以莆田仙游地区制作为多。

图6-8　清早中期　黄花梨草芽纹方桌
长97.2厘米，宽97.2厘米，高86.4厘米
（苏富比纽约有限公司，1995年）

5. 黄花梨罗锅枨条桌

黄花梨罗锅枨条桌（图6-9）特点：

（1）桌面冰盘沿，下压窄线。矮束腰与牙板一木连做。

（2）牙板下沿曲线多变，中间为变体分心花，当中内凹，两侧出牙纹。再外端出尖牙纹、圆牙纹。在各尖牙纹处，均顺势在牙板面上浮雕草芽纹。在闽作家具上常常有这种不规范的、奇妙的牙板曲线。

（3）罗锅枨拐弯处较生硬。

一米上下长度的条桌，有人称为"半桌"或"接桌"。为统一起见，本书均谓之条桌。此桌为莆田仙游地区制作。

图6-9　清早期　黄花梨罗锅枨条桌
长109厘米，宽55.5厘米，高88厘米
（中贸圣佳国际拍卖有限公司，2017年春季）

6. 黄花梨抵牙板高罗锅枨方桌

黄花梨抵牙板高罗锅枨方桌（图6-10）特点：

（1）冰盘沿上打洼，下端压窄线。束腰与牙板一木连做。

（2）罗锅枨高起，又称高拱罗锅枨，高拱处直抵牙板。但不同
常例的是高罗锅枨上弯处呈坡状舒缓而上，为莆田地区做法。

（3）马蹄足有一定磨损。现桌高84.5厘米，原高尺寸应更大些。
此桌式样为闽苏两地共有。

图6-10 明早期 黄花梨抵牙板高罗锅枨方桌
长94.5厘米，宽94.5厘米，高84.5厘米
（广东留余斋藏）

图6-11-1 紫檀抵牙板
高罗锅枨方桌牙板与腿相
交的圆直角

7. 紫檀抵牙板高罗锅枨方桌

紫檀抵牙板高罗锅枨方桌（图6-11）特点：

（1）边抹面沿圆混，俗称"烧饼沿"，而非冰盘沿，这少见于有束腰的桌子上。束腰偏高。

（2）高罗锅枨抵牙板，罗锅枨下端曲线偏方正。

（3）牙板与腿格角相交，相交处的圆直角（图6-11-1）弧度很小，近乎直角。马蹄足较高。

此式样桌在闽、广两地均有制作，更多见于广东地区，可见两地家具制作的交流和传承。

从明式家具的大量实物来看，紫檀家具制品大多年代偏晚。具有以上一系列特征，再加上由紫檀制作，更表明此桌年份晚，甚至晚于一些有雕工或雕工繁密的黄花梨作品。它是明式家具"第三条发展轨迹"上的一件代表性作品。

图6-11 清早中期—清中期 紫檀抵牙板高罗锅枨方桌
长96厘米，宽96厘米，高88厘米
（中贸圣佳国际拍卖有限公司，2016年春季）

图6-12-1 黄花梨花瓣
纹卡子花条桌上的卡子花

8. 黄花梨花瓣纹卡子花条桌

黄花梨花瓣纹卡子花条桌（图6-12）特点：

（1）桌面边抹四面极其宽大。冰盘沿上端有宽线，中段打洼，下端压窄线。

（2）矮束腰与牙板一木连做。

（3）牙板较宽，与腿大圆角相接。

（4）罗锅枨高拱，两端以格肩榫与腿相接。罗锅枨上卡子花为十字花瓣形（图6-12-1）。

此桌马蹄足磨损严重，从其原高度和式样可以认定其为闽作家具。

图6-12 清早期 黄花梨花瓣纹卡子花条桌
长83厘米，宽53.3厘米，高83.5厘米
（中贸圣佳国际拍卖有限公司，2019年春季）

9．黄花梨双牙夹珠纹卡子花方桌

黄花梨双牙夹珠纹卡子花方桌（图6-13）特点：

（1）桌面攒框打槽镶心板。边抹为冰盘沿。

（2）矮束腰与牙板一木连做，桌腿间以罗锅枨相连。

（3）四根罗锅枨上各安两枚卡子花，卡子花为双牙夹
圆珠（图6-13-1）形态，多见于闽作家具上。

（4）牙条、腿的边缘均起阳线。

（5）四腿为方腿，高马蹄足。此足形也是标准的闽作
家具腿足形态。

图6-13-1　黄花梨
双牙夹珠纹卡子花
方桌上的双牙夹圆
珠纹卡子花

图6-13　清早期　黄花梨双牙夹珠纹卡子花方桌
长98厘米，宽98厘米，高87.5厘米
（中贸圣佳国际拍卖有限公司，2017年秋季）

10. 紫檀寿字纹卡子花方桌

紫檀寿字纹卡子花方桌（图6-14）特点：

（1）冰盘沿下端压线。

（2）束腰打洼，并且与牙板一木连做。

（3）罗锅枨与四腿格角相交，四面枨上各置两枚黄杨木寿字纹卡子花（图6-14-1）。这种寿字纹卡子花带有浓重的漳州、厦门等闽南地区特色。

（4）牙板与直腿上均起线。马蹄足方正，浮雕回纹。

（5）桌高为88.5厘米。

图6-14-1 紫檀寿字纹卡子花方桌上的寿字纹卡子花

图6-14 清中期 紫檀寿字纹卡子花方桌
长91厘米，宽91厘米，高88.5厘米
（香港两依藏博物馆藏）

11. 黄花梨云纹卡子花条桌

黄花梨云纹卡子花条桌（图6-15）特点：

（1）边抹冰盘沿上端有宽线，中段为弧线，下端压窄线。

（2）矮束腰与牙板一木连做。

（3）高罗锅枨两端以格肩榫与腿交接。罗锅枨上弯处呈斜坡状。四个卡子花极其扁宽，上面浮雕多重卷云纹（图6-15-1）。

（4）马蹄足方正，磨损较少。

此式样条桌为闽作家具。

图6-15-1　黄花梨云纹卡子花条桌罗锅枨上的卷云纹卡子花

图6-15　清早中期—清中期　黄花梨云纹卡子花条桌
长148.5厘米，宽45.2厘米，高81厘米
（中贸圣佳国际拍卖有限公司，2015年秋季）

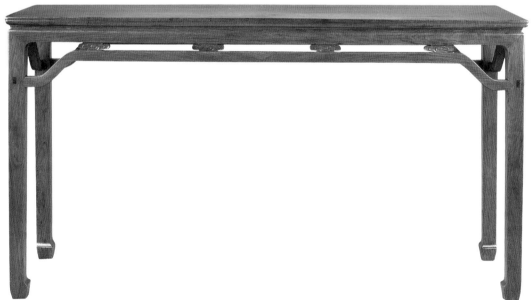

12. 黄花梨抵牙板罗锅枨条桌

黄花梨抵牙板罗锅枨条桌（图6-16）特点：

（1）冰盘沿下端压窄线。

（2）束腰与牙板一木连做。

（3）罗锅枨偏高，上抵牙板，但并非高罗锅枨抵牙板，不同他例处。

（4）马蹄足保存较完好。现桌高86.6厘米。

此桌罗锅枨两端上弯处偏陡直，此式样在福建地区多见。而且，从此桌高度也可以认定其为闽作家具。

图6-16　清早期　黄花梨抵牙板罗锅枨条桌
长102.8厘米，宽49.5厘米，高86.6厘米
（中国嘉德国际拍卖有限公司，2011年春季）

二、无束腰无牙板型

无束腰、无牙板的罗锅枨桌子的腿直接桌面，以罗锅枨支撑四足。

1. 黄花梨罗锅枨抵边条桌

黄花梨罗锅枨抵边条桌（图6-17）特点：

（1）桌面为独板，有"一块玉"之美称。

（2）正面罗锅枨支撑四腿，同时上抵大边支撑着桌面，其功能与形态又似牙条。此二米多长的桌面，历四百年而不塌腰，全靠独板和罗锅枨的支撑之力。

（3）侧面罗锅枨位置较低，有力学上的考虑。

此桌造型一定颇受当代的现代主义者青睐。一板、四腿、四枨，共九个构件，完成两米有余的长桌造型。这无疑是桌类家具中最简约精练的造型。

此桌何其简练。但古人未忘记对比手法的运用，此桌的矮罗锅枨抵接面板，是曲线与直线的组合和对比。此桌又恰到好处地诠释了古典家具之美，尚曲是中国古典艺术品中的美学特征。

从式样、高度上，可以认定此桌属于闽作家具。

图6-17　明末清初　黄花梨罗锅枨抵边条桌
长202厘米，宽49厘米，高88厘米
（中国嘉德国际拍卖有限公司，2011年秋季）

三、直牙头直牙板型

此类桌子无束腰，有直牙头和直牙板，罗锅枨与圆腿以飘肩榫相接。

1. 黄花梨直牙头直牙板方桌

黄花梨直牙头直牙板方桌（图6-18）特点：

（1）边抹面沿分三段，上段平直，中段内收，下段压边线。

（2）边抹下垛边一层（图6-18-1），起极粗的边线，线内大铲地，地子全部铲平。

（3）圆腿间的牙板与牙头一木连做。牙头扁宽，边有委角，起粗边线，线内大铲地。

（4）牙板下置圆材罗锅枨，与圆腿相配。

此类方桌闽苏两地均生产。

图6-18-1　黄花梨直牙头直牙板方桌边抹下的垛边

图6-18　清早中期　黄花梨直牙头直牙板方桌
长94.6厘米，宽94.6厘米，高85.8厘米
（中国嘉德国际拍卖有限公司，2014年秋季）

2.黄花梨草叶式螭尾纹方桌

黄花梨草叶式螭尾纹方桌（图6-19）特点：

（1）边抹面上起拦水线，起装饰作用，而不是为了拦水。冰盘沿打洼。

（2）牙板与牙头一木连做。牙头处为变体螭尾纹（图6-19-1），如草叶蔓卷，且有锼空装饰。

此类刀子牙板变体下加罗锅枨式样，苏闽两地均有。

图6-19-1 黄花梨草叶式螭尾纹方桌牙头上的变体螭尾纹

图6-19 清早期 黄花梨草叶式螭龙纹方桌

长94厘米，宽94厘米，高86.5厘米

（广东留余斋藏）

3．黄花梨罗锅枨方桌

黄花梨罗锅枨方桌（图6-20）特点：

（1）桌面心板三拼，大边与抹头为混面，正面有明榫，无线脚装饰。

（2）牙板与牙头一木连做，牙头扁宽（图6-20-1），亦无线脚装饰。

（3）罗锅枨为混面，上弯幅度极小。

此式样桌产自闽地，做工偏福建西部风格。

图6-20-1　黄花梨罗锅
枨方桌的牙头

图6-20　清早中期　黄花梨罗锅枨方桌

长92.5厘米，宽92.5厘米，高86.5厘米

（北京保利国际拍卖有限公司，2017年春季）

四、瓜棱腿型

闽作家具的瓜棱腿基本是双劈料做法，形式为双混面或双混面中夹一条直线。在这一点上，闽作瓜棱腿形态不如苏作丰富多样。

1. 黄花梨瓜棱腿方桌

黄花梨瓜棱腿方桌（图6-21）特点：

（1）四腿为双混面（劈料做）瓜棱腿。

（2）牙板亦为双混面，并与腿面交圈。

（3）边抹亦近似双混面，与牙板、腿子相协调。

（4）腿间罗锅枨上弯处曲线较生硬。罗锅枨上有两组矮老，每组为两根，形态为带折角的竖枨，似罗锅枨拐角部位。

此桌带有闽北地区家具的做工风格。

图6-21 清早期 黄花梨瓜棱腿方桌
长87厘米，宽87厘米，高83厘米
（北京保利国际拍卖有限公司，2011年春季）

2. 黄花梨圆裹圆劈料做方桌

黄花梨圆裹圆劈料做方桌（图6-22）特点：

（1）直腿为甜瓜棱腿，四面为双混面劈料形态。

（2）桌面面沿亦为双混面劈料做法，一处劈料则众处俱劈料。边抹下垛一条薄边，也与劈料形态呼应。

（3）圆裹圆罗锅枨也是双混面劈料做法。以上这些构件的劈料做法是一套固定的制作语法。

（4）罗锅枨上置相背的拐子纹（山形纹）卡子花。

此桌是闽作家具。

图6-22　清早期　黄花梨圆裹圆劈料做方桌

长88.9厘米，宽88.3厘米，高89.2厘米

（中国嘉德国际拍卖有限公司，2016年春季）

3. 花梨木变体瓜棱腿条桌

花梨木变体瓜棱腿条桌（图6-23）特点：

（1）腿面为变体劈料做，双混面一粗一细，为变体瓜棱腿。

（2）牙板亦为变体劈料做，并与腿面交圈。

（3）腿间罗锅枨攒90°直角。枨面为劈料双混面。正反面枨
上有两组矮老，每组两根，面亦为劈料双混面。多个构件
以格肩榫相接。

此桌带有闽北地区家具的做工风格。

图6-23 清早期 花梨木变体瓜棱腿条桌

长95厘米，宽41.5厘米，高85厘米

（选自莎拉·韩蕙：《中国建筑学视角下的明式家具》，2005）

4. 龙眼木竹节纹条桌

龙眼木竹节纹条桌（图6-24）特点：

（1）各构件均雕竹节纹。由此，可证闽作家具中有仿竹节家具。

（2）桌面下有一条垛边，厚度不足边抹的一半。

（3）垛边四角下垛角牙，实与垛边一木连做。

（4）腿上端置圆裹圆罗锅枨（图6-24-1），罗锅枨上弯极平缓。

（5）罗锅枨上置矮老，矮老上端为齐肩榫，下端为格肩榫。

（6）四腿为变体劈料做（双混面），外侧面厚，内侧面薄，最里侧为一条粗料。实际上，全腿四根仿竹木条实为一木连做。

此条桌具有闽作家具的代表性做法：雕竹节纹、变体劈料做。

图6-24-1 龙眼木竹节纹条桌上的圆裹圆罗锅枨

图6-24 清早中期 龙眼木竹节纹条桌

长119厘米，宽78厘米，高84厘米

（选自毛岱康：《中国古典家具与生活环境：罗启妍收藏精选》，雍明堂）

五、竹节竹叶纹型

1. 黄花梨竹节竹叶纹方桌

黄花梨竹节竹叶纹方桌（图6-25）特点：

（1）桌面为混面。

（2）牙板与牙头一木连做，牙板边起粗线，线内大铲地。牙头与牙板交汇处的三角区上雕一根老竹（图6-25-1），主干分出两根细枝，上有数簇竹叶。

（3）其下仿竹节圆裹圆罗锅枨上，置竹节竹叶纹卡子花。

（4）四腿粗硕，雕竹节纹。

这件方桌上，莆田仙游地区的制作特点明显。

图6-25-1　黄花梨竹节竹叶纹方桌牙头牙板交汇处的竹枝竹叶纹

图6-25　清中期　黄花梨竹节竹叶纹方桌

长89厘米，宽89厘米，高88.5厘米

（中国嘉德国际拍卖有限公司，2012年秋季）

第三节 四面平桌式

四面平桌以简练取胜，是桌类中简极之作。从明万历年间的版画插图上看，此时期，这种造型的桌子极多，举目可见，用于各个场合，如吃饭、读书、陈设。明代《红拂记》《牡丹亭还魂记》《月露音》版画插图中处处可见四面平桌（图6-26～图6-29）。但是，真正到明代的存世实物却极为罕见。

四面平桌包括牙板四面平型、无牙板四面平型和变体四面平型。

图6-26　明万历 《红拂记》版画插图中的四面平方桌

（傅惜华：《中国古典文学版画选集》，上海人民美术出版社，1981）

图6-27　明 《牡丹亭还魂记》版画插图中的四面平条桌

（台北故宫博物院：《明代版画丛刊》）

图6-28　明万历 《月露音》版画插图中的四面平桌

（台北故宫博物院：《明代版画丛刊》）

图6-29　明万历 《月露音》版画插图中的四面平条桌

（台北故宫博物院：《明代版画丛刊》）

一、牙板四面平型

1. 黄花梨四面平条桌

黄花梨四面平条桌（图6-30）特点：

（1）桌面攒框，装瘿木板。

（2）直面沿下有平直牙板，牙板两端出大牙嘴，与四腿大圆角相交，线条精妙，形态优美。

（3）进一步观察，其大牙嘴形态别具一格。牙板较厚，与腿足交接处向内作圆（图6-30-1），使大圆角立体化，这种做法极少见，十分精妙，令人叫绝。

（4）腿足上大下小，用料极大，底部顺势锼挖出马蹄足，没有线脚。马蹄足磨损严重，显扁矮，足尖外挑。这些都是年份偏早的特征。

此桌为四面平条桌的经典代表，硕果仅存。其年份极早。

明式桌子在各种格角处以圆角相交，这是古典家具崇尚圆曲审美的表现。一般而言，大圆角为上品，制作耗材，葆有大漆家具之风，其年代偏早，审美价值高。小圆角次之，直圆角等而下之，年代也逐次后延。

本桌无枨支撑，结构并不合理。其边抹交接处、牙板与腿交接处均有销钉锁死，这是其完整至今的"保护神"。这类无枨的家具实物难以保存下来，所以现在典型的实物罕见，遗留下的基本上都经过修配。在年份更晚的桌子上，结构更加科学，无枨的器物趋于消失。

此式样四面平条桌在闽地、苏地均有制作。

图6-30-1　黄花梨四面平条桌牙板与腿相交处的圆角

图6-30　明晚期—明末清初　黄花梨四面平条桌

长91.5厘米，宽52厘米，高78厘米

（选自中国古典家具学会：《中国家具文章选辑1984—2003》）

2. 黄花梨罗锅枨翘头条桌

黄花梨罗锅枨翘头条桌（图6-31）特点：

（1）桌面攒框装板，两端安直角翘头。四面平桌加翘头的组合，比较独特。

（2）牙板相对较宽，与边抹齐平，牙板与腿小直圆角相交。

（3）腿上粗下细，下端翻出马蹄足，前后腿间置一根罗锅枨。

此桌十分明显，有漳州地区的制作特点。

图6-31 明末清初 黄花梨罗锅枨翘头条桌
长104.5厘米，宽38厘米，高79.5厘米
（北京匡时拍卖有限公司，2016年春季）

3. 黄花梨罗锅枨翘头条桌

黄花梨罗锅枨翘头条桌（图6-32）特点：

（1）桌面攒框装板，两端安直角翘头，翘头扁宽，上面刻一条阴线，极为少见。

（2）牙板相对较宽，牙板与腿圆角相交。

（3）腿上粗下细，下端翻出马蹄足。前后腿间上端置一根罗锅枨。

（4）牙板与腿交接处，有张嘴状的钩云纹角牙（图6-32-1），兼具力学与装饰作用。这在闽作家具上经常使用。

图6-32-1　黄花梨罗锅枨翘头条桌牙板下的钩云纹角牙

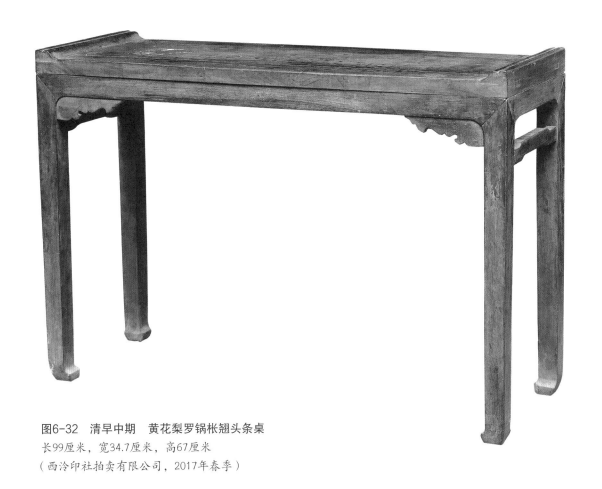

图6-32　清早中期　黄花梨罗锅枨翘头条桌
长99厘米，宽34.7厘米，高67厘米
（西泠印社拍卖有限公司，2017年春季）

4. 黄花梨灵芝纹四面平条桌

黄花梨灵芝纹四面平条桌（图6-33）特点：

（1）此桌是罗锅枨四面平条桌的发展体，变化是正背面罗锅枨上各增加了三枚灵芝纹卡子花（图6-33-1），侧面各置一枚灵芝纹卡子花。此造型灵芝纹还见于黄花梨灵芝纹玫瑰椅（图4-77）上，为闽作家具的独特构造。

（2）相对的是，此桌上的罗锅枨偏低，有更好的支撑作用。

图6-33-1 黄花梨灵芝纹四面平条桌罗锅枨上的灵芝纹卡子花

图6-33 清早期 黄花梨灵芝纹四面平条桌
长173厘米，宽65厘米，高88厘米
（选自邓南威：《隽永姚黄·中国明清黄花梨家具》，生活·读书·新知三联书店，2016）

5. 紫檀寿山石条桌

紫檀寿山石条桌（图6-34）特点：

（1）桌面攒框，面上拼多块彩色寿山石，五彩斑斓。寿山石为福建特产，使用寿山石的家具基本是在福建地区制作的。

（2）边抹面沿为上下两边起线，中间铲平，这是一种闽作家具的制作范式。

（3）牙板中段窄，两端宽，下沿呈罗锅枨曲线，这又是一种闽作家具特色。

（4）直枨上下两边起线，中间铲平，而且上沿反向挖出罗锅枨曲线，与牙板下沿曲线上下呼应，似为鱼门洞的发展体。

（5）直枨下角牙为两卷相抵的简化形式，其形态表明此桌年代为清中期。

（6）马蹄足高，下部趋尖，外圆内平。此为莆田仙游地区的常见做法。

此桌的面沿起线、直枨上挖曲线、简化的两卷相抵角牙、高马蹄足等都是莆仙工艺的符号。线条化简洁气象也代表莆仙工的面貌。

在故宫博物院所藏《十二美人图》（图6-35）中，可见紫檀小条几（图6-36），同式样桌也在福建地区有所发现。在大结构上，《十二美人图》中的小条几与此桌形态有相近之处。

图6-34　清中期　紫檀寿山石条桌
长96厘米，宽48厘米，高87厘米
（选自蔡辰洋：《紫檀》，寒舍出版社，1996）

图6-36 《十二美人图》仕女像
旁的紫檀小条几（摹本）

（田家青：《明清家具鉴赏与研
究》，文物出版社）

图6-35 清康熙 《十二美人图》仕女像

（故宫博物院藏）

6.黄花梨攒罗锅枨条桌

黄花梨攒罗锅枨条桌（图6-37）特点：

（1）为四面平式，边抹与牙板、四腿齐平。

（2）牙板下攒直角罗锅枨，上置三个矮老（图6-37-1），矮老为"亚"字形，以格角榫与牙板、罗锅枨相接。牙板与罗锅枨呈鱼门洞形状，两端牙头处为变体鱼门洞。

这是攒直角罗锅枨的发展体。

此款式桌于闽苏两地均有制作。

图6-37-1 黄花梨攒罗锅枨条桌的"亚"字形卡子花

图6-37 清早期 黄花梨攒罗锅枨条桌

长102厘米，宽54厘米，高82厘米

（苏富比伦敦有限公司，2015年11月）

二、无牙板四面平型

在常规概念中，四面平桌边抹下存在牙板，故此类无牙板的桌子称为
"无牙板四面平桌"。

那么，牙板四面平桌和无牙板四面平桌哪一种出现得更早呢？笔者曾向
多位资深行家咨询，得到的结论不同：有人认为前者出现的早，后者出
现的晚；另有人认为刚好相反；还有人认为它们是同一时期出现的。共
三种意见，而且各自有自己的解释逻辑。笔者根据现存实物的牙板与腿
交接处多为小圆角的特点，推断无牙板四面平桌的年代偏晚。

1. 黄花梨无牙板四面平条桌

黄花梨无牙板四面平条桌（图6-38）特点：

（1）它与黄花梨四面平条桌（图6-30）的区别在于缺少边抹下的牙板。
大边、抹头与四腿格角相接，三碰肩，为棕角榫结构。相交处呈小圆角。

（2）霸王枨的三弯曲线弧度优美。马蹄足扁矮。

此式样条桌为闽作家具、苏作家具、广作家具共有。

图6-38　清早期　黄花梨无牙板四面平条桌
长152厘米，宽62.5厘米，高83厘米
（选自洪光明：《黄花梨家具之美》，南天书局有限公司，1997）

2. 紫檀鸳鸯栈四面平条桌

紫檀鸳鸯栈四面平条桌（图6-39）特点：

（1）桌面攒框装心板。

（2）桌面下两端角牙面向上方，而横栈两端竖材面向下方，两者形成相互面对。此式俗称为"鸳鸯栈"。它在两侧形成方形角牙。

（3）正面横栈上置两组双矮老，每组两根竖材，以格肩榫与大边、横栈相交。一般认为，这种格肩榫年代偏晚。

（4）四腿为方材直腿，下为方正的回纹马蹄足。这在广作家具中广为存在，在福建漳州地区也有制作。

黄花梨家具中，也有此类鸳鸯栈结构的条桌，只是结构更简化，年代稍早。

图6-39 清中期 紫檀鸳鸯栈四面平条桌

长174厘米，宽45厘米，高88.5厘米

（选自朱家溍：《故宫博物院藏文物珍品大系·明清家具》，上海科学技术出版社，2002）

3．黄花梨拐子螭龙纹四面平条桌

黄花梨拐子螭龙纹四面平条桌（图6-40）特点：

（1）桌面攒框装心板。边抹与四腿格角相交，为四面平结构。

（2）正面边抹下，加左右两块料对接的牙条，状如牙板和牙头。其上透雕拐子螭龙纹，拐子纹上叠加"卷方纹"。清中期以后，闽作家具上，一些卷珠纹的"圆形"演变为方形，姑且称之为"卷方纹"。两个牙头上透雕螭龙头，身尾成拐子状，翻卷过头，各向中间延伸，自然形成透雕牙板。侧面牙条（图6-40-1）亦然，更突显螭龙的上吻部。

（3）四腿为直腿，内翻马蹄足。

此式样条桌常见于漳州地区。

图6-40-1　黄花梨拐子螭龙纹四面平条桌的侧面牙条

图6-40　清中期　黄花梨拐子螭龙纹四面平条桌
长173厘米，宽55.5厘米，高85.8厘米
（北京保利国际拍卖有限公司，2013年秋季）

4．紫檀拐子螭龙纹条桌

紫檀拐子螭龙纹条桌（图6-41）特点：

（1）桌面攒框装心板。边抹与四腿直接相交，为四面平结构。边抹上下边起线。

（2）边抹下置宽牙条，牙条上透雕螭龙纹，为方折拐子状，螭龙纹上叠加卷方纹，线条面上打洼。两个牙头上透雕螭龙头纹，身尾呈拐子状。

（3）侧面牙条雕螭龙纹。

（4）四腿为直腿，内翻马蹄足刻回纹。

此式样条桌见于福建地区。

图6-41　清中期　紫檀拐子螭龙纹条桌
长208厘米，宽64.5厘米，高93.5厘米
（选自王亚民：《故宫博物院藏明清家具全集》，
故宫出版社，2015）

5．紫檀蝙蝠纹四面平条桌

紫檀蝙蝠纹四面平条桌（图6-42）特点：

（1）桌面攒框装心板，边抹与四腿齐平，均为混面（指壳圆）。

（2）牙条中间洼堂肚面上，随形顺势浮雕草芽纹，左右对称组成如意纹，上层也是对称的草芽纹，纹外大铲地。

（3）如意纹两侧边线打绳结扣，并向两侧延伸，分别与蝙蝠纹（图6-42-1）相连接。蝙蝠身上均以草芽纹勾勒点缀，两翼带出大的草芽纹。

（4）方马蹄足阴刻回纹，下有龟足。

（5）桌高93厘米。年代偏晚一些的闽作桌子高度多有90厘米以上。随着年代的发展，桌子高度不断增高，这符合家具观赏面不断加大的发展逻辑。此桌为闽作无牙板四面平条桌的发展型，又带有浓重的广作家具风格，可见闽广两地家具的源流关系。

在闽作家具上可见蝙蝠纹，也表明其受广作风格影响。

图6-42　清中期　紫檀蝙蝠纹四面平条桌
长160厘米，宽56.5厘米，高93厘米
（中国嘉德国际拍卖有限公司，2017年春季）

图6-42-1　紫檀蝙蝠纹四面平条桌牙板上的蝙蝠纹

三、变体四面平型

变体四面平桌喷面稍大，即桌面宽出四面牙板与四足，俗称为"喷面"。它属于变体四面平，俗称为"假四面平"。这种式样在桌、榻、床、凳中均存在。

图6-43-1　黄花梨变体四面平条桌的喷面

1．黄花梨变体四面平条桌

黄花梨变体四面平条桌（图6-43）特点：

（1）喷面（图6-43-1）略宽出牙板和四腿，牙板与四腿小圆角相交。

（2）罗锅枨以齐肩榫与四腿相交。

（3）腿上宽下窄，扁矮马蹄足有所磨损，整个高度仍为84.5厘米，为闽作家具。但是，同式样作品在苏作家具中也存在，但要矮一些。

图6-43　清早期　黄花梨变体四面平条桌

长104厘米，宽51.2厘米，高84.5厘米

（中贸圣佳国际拍卖有限公司，2016年春季）

2．黄花梨四面平条桌

黄花梨四面平条桌（图6-44）特点：

（1）桌面攒框装心板，边抹面沿平直斜下，下起边线。

（2）牙板与腿小圆角相接，起边线。

（3）罗锅枨上下边起线，上弯处生硬，这是漳州地区的特色。罗锅枨以格肩榫与腿相交，年代应晚于齐肩做法。

（4）足端较高，已有一定的磨损。

图6-44　清早中期　黄花梨四面平条桌

长158.2厘米，宽41.6厘米，高81.4厘米

（佳士得纽约有限公司，2014年3月）

3. 黄花梨变体四面平霸王枨翘头条桌

黄花梨变体四面平霸王枨翘头条桌（图6-45）特点：

（1）桌面为独板，两端置小翘头。喷面稍微宽出牙板和四腿（图6-45-1）。

（2）宽大的牙板与壮硕的方腿相交处呈大圆角状。

（3）腿与桌面间置霸王枨，其截面为方形，形态收敛靠上。

此式样条桌多见于福建地区。

图6-45-1 黄花梨变
体四面平霸王枨翘头
条桌的喷面

图6-45 明末清初 黄花梨变体四面平霸王枨翘头条桌
长198.1厘米，宽45.1厘米，高88.9厘米
（佳士得纽约有限公司，2003年9月）

图6-46-1 黄花梨变体四
面平翘头条桌的侧面

4. 黄花梨变体四面平翘头条桌

黄花梨变体四面平条翘头条桌（图6-46）特点：

（1）桌面两端置直角翘头。边抹外喷较大。

（2）桌面下，牙板两端宽出牙嘴，与四腿大圆角
交接，形成优美的弧线。

（3）由侧面（图6-46-1）可见，马蹄足已有磨
损，但仍偏高。其年代可定为清早中期。

此式样条桌为闽作家具。

图6-46 清早中期 黄花梨变体四面平翘头条桌

长208厘米，宽39.5厘米，高91厘米

（选自霍艾：《极简之风：霍艾藏中国古典家具》，德国科隆东亚艺术博物馆，2004）

5. 黄花梨边抹压线翘头条桌

黄花梨边抹压线翘头条桌（图6-47）特点：

（1）桌面貌似独板，实为攒框装板结构。面沿下压浅浅的边线（图6-47-1），下接牙板。这不同于常见的四面平家具面沿与牙板的相接式样，也不同于有束腰结构。此类条桌存世量不少，多见于福建漳州地区。笔者认为，它带有某种遗迹，呈现四面平结构向束腰结构过渡中的"返祖"形态。

（2）桌面两边安翘头，翘头与抹头一木连做。

（3）直牙板与四腿圆角相交。

（4）内翻马蹄足粗壮，有一定的磨损。

图6-47-1 黄花梨边抹压线翘头条桌面沿下的边线

图6-47 明末清初 黄花梨边抹压线翘头条桌
长185厘米，宽42厘米，高87厘米
（原美国加州中国古典家具博物馆藏）

第四节 一腿三牙桌式

一腿三牙条桌的形态为四腿八挓，侧脚极为显著，形态夸张。大边、抹头喷出极大，为腿上端外侧提供了空间，可安置牙头（角牙），加之桌腿间牙板两侧的牙头，每条腿上端与三个牙头相连，故得"一腿三牙"之名。

一腿三牙方桌牙板下多置罗锅枨，有高低罗锅枨之分，也有抵牙和不抵牙之别。极个别一腿三牙方桌以霸王枨支撑四腿。

明崇祯年间刻本《金瓶梅词话》插图上，有四女围一张一腿三牙方桌打牌的场景（图6-48），桌下有霸王枨。清顺治年间刻本《占花魁》版画插图（图6-49）上也可见一腿三牙桌形象。

图6-48 明崇祯《金瓶梅词话》版画插图上的一腿三牙桌

（兰陵笑笑生:《金瓶梅词话》，里仁书局，2007）

图6-49 清顺治《占花魁》版画插图上的一腿三牙桌

（傅惜华:《中国古典文学版画选集》，上海人民美术出版社，1981）

1. 黄花梨一腿三牙条桌

黄花梨一腿三牙条桌（图6-50）特点：

（1）整个形态较为收敛。

（2）边抹面沿平直，喷面相对窄小。

（3）三个牙头很小且尺寸一致。腿间的牙板与牙头一木连做。

（4）牙板下又置矮罗锅枨。

一腿三牙桌于闽苏两地均有制作。但是此类桌子形态独特，构件古直简素，产自闽西北地区。在当地，此款一腿三牙条桌也有用铁梨木等材质制作的。

图6-50 明末清初 黄花梨一腿三牙条桌
长96厘米，宽47.5厘米，高85厘米
（选自朱家溍：《故宫博物院藏文物珍品大系·明清家具》，上海科学技术出版社，2002）

图6-51-1　黄花梨一腿三牙方桌桌面下的垛边

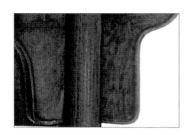

图6-51-2　黄花梨一腿三牙方桌上的内角牙和外角牙

2．黄花梨一腿三牙方桌

黄花梨一腿三牙方桌（图6-51）特点：

（1）桌面喷面很宽，冰盘沿下加垛边（图6-51-1）。

（2）牙板出洼堂肚，为新式样。

（3）高罗锅枨与牙板相接。

（4）内角牙变长，与外角牙同大（图6-51-2）。牙板、牙头趋向更加宽大，这些均是观赏元素的增加和变化。年代也更晚些。

此式样方桌为闽作家具、苏作家具共有。

图6-51　清早期　黄花梨一腿三牙方桌

长105.7厘米，宽105.7厘米，高87.8厘米

（选自嘉木堂：《嘉木堂中国家具精萃展》）

3. 黄花梨灵芝纹卡子花一腿三牙长方桌

黄花梨灵芝纹卡子花一腿三牙长方桌（图6-52）特点：

（1）喷面很宽。内外角牙（图6-52-1）瘦长，边沿曲线婉转多变。

（2）高罗锅枨上，置扁矮的灵芝纹卡子花（图6-52-2），罗锅枨上行拐弯处分段弯曲，凸凹有致，装饰性强。

（3）四腿起双混面（劈料做）瓜棱线。闽作家具的瓜棱腿基本是双混面（劈料做），截面为方形四瓣式。

时光流转，进入清早期的一腿三牙方桌变得华丽多姿，雕纹琢饰，显示出成熟期的靓丽烂漫。此桌是一腿三牙方桌中最为富丽华美的一款。

在福建，用杉木等柴木制作的此式样方桌也不少。

图6-52-1 黄花梨灵芝纹卡子花一腿三牙长方桌罗锅枨上的内外角牙

图6-52-2 黄花梨灵芝纹卡子花一腿三牙长方桌的扁矮灵芝纹卡子花

图6-52 清早中期 黄花梨灵芝纹卡子花一腿三牙长方桌

长86厘米，宽90厘米，高90厘米

（选自朱家溍：《故宫博物院藏文物珍品大系·明清家具》，上海科学技术出版社，2002）

4. 铁梨木一腿三牙罗锅枨条桌

铁梨木一腿三牙罗锅枨条桌（图6-53）特点：

（1）桌子喷面大。四腿挓度大。

（2）腿上端外侧牙头极大，其上挖出双牙云纹，双牙间夹一圆珠（图6-53-1），为典型的闽作家具符号。

（3）腿间的牙板与牙头一木连做，边起宽线。

（4）牙板下置罗锅枨，枨上弯处附以衬木（图6-53-2）以加大强度，也增加了装饰性。

（5）正面罗锅枨上有四个双牙云纹卡子花，双牙间有圆珠。

此桌为闽地制作。

图-53-1　铁梨木一腿三牙罗锅枨条桌牙头上的双牙云纹　　图-53-2　铁梨木一腿三牙罗锅枨条桌罗锅枨上弯处的衬木

图6-53　清中期　铁梨木一腿三牙罗锅枨条桌

长200厘米，宽69厘米，高85厘米

（选自北京市文物局：《北京文物精粹大系·家具卷》，北京出版社，2003）

第五节　双牙云纹桌式

1. 黄花梨双牙云纹牙头方桌

黄花梨双牙云纹牙头方桌（图6-54）特点：

（1）边抹冰盘沿，心板两拼。

（2）牙头锼出双牙云纹（图6-54-1），双牙翻卷。

（3）此桌高达86厘米。

此类双牙云纹牙头方桌产地为福建。

前述的黄花梨双牙云纹霸王枨方桌（图6-4）、铁梨木一腿三牙罗锅枨条桌（图6-53）也是双牙纹牙头式样。

图6-54-1　黄花梨双牙云纹牙头方桌上的双牙云纹牙头

图6-54　清早期　黄花梨双牙云纹牙头方桌

长88厘米，宽88厘米，高86厘米

（中国嘉德国际拍卖有限公司，2011年秋季）

第六节　垛边圆裹圆桌式

在器物边抹底下增加一周或几周木边，传统工匠称其为"垛边"。垛边之立意是增加桌子面沿立面的厚度，使观赏面显得厚重。如果桌子仅是常规的单层边抹，并且边抹不够厚阔，面沿会显得单薄。于是匠人们便在器物边抹下沿外缘增加一条或几条木材，也就是垛边一层或几层。垛边是匠人们在处理光素类家具构件的反复实践中，摸索出来的美化器物面沿的方法，也是明式家具结构由线向面渐变的一种体现。

垛边符合笔者所说的古典家具"观赏面不断加大法则"中的"组合"这一层面。垛边桌子的边抹下多为一层、二层、三层垛边，视觉上形成了更宽厚的形态。其下通常设裹腿高罗锅枨，罗锅枨高起处与垛边相抵；或设横枨，上置矮老与垛边相接。

1. 黄花梨垛边条桌

黄花梨垛边条桌（图6-55）特点：

（1）边抹为冰盘沿，喷面远宽出其下两层垛边，较一般圆裹圆桌形态有较大不同。垛边为一木劈出做法。其下四角劈料做出圆形小角牙。"桌边远宽出其下垛边"这种形态多见于闽作家具上，在红豆杉木、鸡翅木等杂木制品上多见。尽管此条桌底披麻挂，为苏作作品，但此式样在闽作中广见。

（2）最下一层为裹腿罗锅枨，与垛边劈料等宽，罗锅枨曲线柔和圆润。

（3）桌面下复以霸王枨相支撑。四腿外挓，腿上部边抹、垛边、罗锅枨、霸王枨之不同厚度、长度、曲度变幻出多样的视觉效果，可见匠师在此器上的独特用心。

此条桌内底有灰漆，应为苏作家具，但此式样条桌闽作家具中也多有制作。

2. 黄花梨双环卡子花条桌

黄花梨双环卡子花条桌（图6-56）特点：

（1）桌面沿圆混，下加一层较窄小的垛边。四腿为圆腿。

（2）裹腿罗锅枨上加双环卡子花，正面两组，侧面一组。

此式样条桌在闽苏两地均有制作，但此类高84厘米以上的桌子，可认定为闽作家具。

图6-55 清早期 黄花梨垛边条桌
长213厘米，宽76.3厘米，高83.4厘米
（选自叶承耀：《禅椅琴凳：攻玉山房藏黄花梨家具》，香港中文大学文物馆）

图6-56 清早期 黄花梨双环卡子花条桌
长91厘米，宽57厘米，高87厘米
（香港两依藏博物馆藏）

3. 黄花梨海棠形卡子花条桌

黄花梨海棠形卡子花条桌（图6-57）特点：

（1）桌面下加一层垛边。四腿为圆腿。

（2）罗锅枨上加海棠形卡子花（图6-57-1），正面两组，侧面一组。

在闽作家具上，扁圆形、双环形、海棠形、双牙形卡子花均有制作。

此式样为闽苏两地共有。

图6-57-1　黄花梨海棠形卡子花条桌罗锅枨上的卡子花

图6-57　清早期　黄花梨海棠形卡子花条桌

长115.6厘米，宽57厘米，高87.3厘米

（选自叶承耀：《楮檀室梦旅：攻玉山房藏明式黄花梨家具二》，香港中文大学文物馆）

4. 黄花梨垛边直枨条桌

黄花梨垛边直枨条桌（图6-58）特点：

（1）边抹下垛边两层，下有双环卡子花，正面三组，侧面一组。卡子花下以圆直枨相托。

（2）在直枨与直腿间，置扇活式角牙，为双卷相抵式。这是最明显的创新、发展元素，也体现了明式家具"观赏面不断加大法则"中的"增加"这一层面。此式样为闽作特色。

图6-58　清早中期　黄花梨垛边直枨条桌
长156厘米，宽75.5厘米，高88厘米
（北京元亨利文化艺术示范馆藏）

5. 黄花梨双牙云纹卡子花条桌

黄花梨双牙云纹卡子花条桌（图6-59）特点：

（1）桌面喷出甚大。垛边打洼，为裹腿做法。

（2）垛边下有裹腿直枨，面上打洼，形态特殊。

（3）正面垛边与直枨间，以两根矮老分出三个空格，每格中置双牙云纹卡子花（图6-59-1）。双牙间嵌圆珠，面上打洼，这是典型的闽作家具符号。

（4）四根圆腿直接桌面。

此式样为闽作特色。

图6-59-1 黄花梨双牙云纹卡子花条桌上的双牙云纹卡子花

图6-59 清早期 黄花梨双牙云纹卡子花条桌
长186厘米，宽46厘米，高86厘米
（中国嘉德国际拍卖有限公司，2010年秋季）

6. 黄花梨垛边直枨方桌

黄花梨垛边直枨方桌（图6-60）比一般垛边方桌的观赏面更丰富，相应其年代也晚。其特点：

（1）边抹下垛边一层，其下以裹腿横枨达到对四腿的支撑。

（2）由矮老与横枨相攒成框，框中装绦环板，板中开炮仗洞。

（3）横枨下两角置横向角牙。

本方桌的边抹、矮老、垛边、直枨、枨上一截腿足、四腿等构件，薄厚不一，宽窄变幻。它们纵横交错，各自尺寸有微妙差异，又有和谐的呼应，颇见匠师之功力。

直枨与腿足接合处安角牙，本无力学功能，完全可视为装饰。它使桌子上部看起来更饱满，更有层次感。增加基本无力学功能的角牙，可视为"观赏面不断加大法则"中"增加"这一层面的表现。

此式样方桌在闽作家具、苏作家具中均有制作。

图6-60 清早中期 黄花梨垛边直枨方桌

长92.1厘米，宽92.1厘米，高86.5厘米

（原美国加州中国古典家具博物馆藏）

第七节　垛边竹节纹式

1. 黄花梨竹叶纹方桌

黄花梨竹叶纹方桌（图6-61）特点：

（1）桌面攒框装心板。边抹下垛边两层，垛边面沿雕竹节纹，而边抹面沿为光素混面。这是闽作家具的一种程式化的做法。

（2）垛边下起高罗锅枨，其两端置两组竹叶纹角牙（图6-61-1），这样上部就形成了较大的观赏面。

（3）腿上竹节纹越向下越密集，形成下盘稳重的视觉效果，与高罗锅枨上的工笔重彩的雕刻形成平衡。

（4）桌高为82.5厘米，可见闽作桌子并非全部都特别高。

此式样为闽作特色。

图6-61-1　黄花梨竹叶纹方桌高罗锅枨两端的竹叶纹角牙

图6-61　清中期　黄花梨竹叶纹方桌

长99厘米，宽99厘米，高82.5厘米

（苏富比纽约有限公司，2007年3月）

2．黄花梨竹节纹条桌

黄花梨竹节纹条桌（图6-62）特点：

（1）桌面为薄独板。桌面下垛边两层，上层厚下层薄，上雕竹节纹，上下垛边上竹节纹交错排列。

（2）四腿劈料做，亦左右粗细不同，其上竹节纹交错。

（3）腿上部置圆裹圆横枨，裹圆处效果与竹制品极为相近。

（4）桌高为89.5厘米，"地域高度"明显。

此式样为闽作特色。

图6-62　清中期　黄花梨竹节纹条桌

长103.3厘米，宽37.5厘米，高89.5厘米

（佳士得纽约有限公司，1993年7月）

3. 黄花梨竹叶纹方桌

黄花梨竹叶纹方桌（图6-63）特点：

（1）桌面攒框装心板，边抹面沿分为两层，上层为薄薄的混面，下层较厚，面雕竹节纹。再下为一层较薄的垛边，雕竹节纹。

（2）四腿雕竹节纹，足端处竹节纹最为密集。

（3）腿上部置圆裹圆横枨，枨上中心置竹叶纹卡子花（图6-63-1），枨下两端置竹叶纹角牙（图6-63-2）。

（4）桌高88.3厘米，明显是闽地桌类的高度。

此式样桌子广见于莆田仙游、泉州、漳州等地区，亦见由红豆杉木、鸡翅木等材质制作的同款。

图6-63-1　黄花梨竹叶纹方桌横枨上的竹叶纹卡子花

图6-63-2　黄花梨竹叶纹方桌横枨下的竹叶纹角牙

图6-63　清中期　黄花梨竹叶纹方桌
长68.6厘米，宽68.6厘米，高88.3厘米
（苏富比纽约有限公司，1993年11月）

第八节　展腿桌式

矮桌展腿式简称展腿桌。"展"字为延伸、伸展之意。展腿桌式可细分为两型：一是整腿（不可拆分）的展腿型，腿部上下一木连做；二是上下可拆分的活展腿型，为两拿活腿，可开可合。腿拆下后，上部分可作为地桌使用。这种可拆合的形式方便搬动、运输和储藏。

束腰桌的腿足为方腿才合乎常规。但为求得圆腿的轻盈，匠人以矮桌展腿的式样处理，上为方腿，被称为展腿。下为圆腿，在较晚的年代，还有方腿马蹄足式样。展腿桌以展腿的形式完成方与圆之间的转换和对比，还附加有光素与雕饰的变化。它是凝聚着匠人的设计变通力和想象力的杰作。

一、整腿（不可拆分）型

1. 黄花梨展腿条桌

黄花梨展腿条桌（图6-64）特点：

（1）上部如炕桌，边抹为冰盘沿，下有矮束腰。

（2）直牙板两侧各出两个牙纹，以大圆角与三弯腿（上腿）相接。三弯腿（上腿）足端雕内卷云纹。

（3）下腿为圆材，腿上见明榫。腿间以罗锅枨相连。

闽作桌腿上习惯用出榫做法。此式样桌子见于闽作家具、苏作家具之中。

图6-64　清早期　黄花梨展腿条桌
长96.2厘米，宽47.9厘米，高82.5厘米
（佳士得纽约有限公司，2015年9月）

2. 黄花梨螭尾纹展腿方桌

黄花梨螭尾纹展腿方桌（图6-65）特点：

（1）边抹为冰盘沿，其上打洼。矮束腰与牙板一木连做。

（2）腿为"整腿"，上下不可拆分。上腿为三弯腿，肩部雕变体螭尾纹，呈三角形，足端雕变体螭尾纹。

（3）壶门牙板中间雕饱满的螭尾纹，两端边缘各有三个牙纹装饰。

（4）上下皆是方腿，不同于常见的上方下圆的腿式。

（5）四腿以罗锅枨相连。

（6）马蹄足高，下部趋尖，外圆内平。

此式样为闽作家具特色。

图6-65 清早中期 黄花梨螭尾纹展腿方桌
长93厘米，宽92.8厘米，高87.8厘米
（中国嘉德国际拍卖有限公司，2016年春季）

图6-66-1　黄花梨活展腿方桌上部的地桌

图6-66-2　黄花梨活展腿方桌可拆下两组活腿

二、活展腿（可拆分）型

1. 黄花梨活展腿方桌

黄花梨活展腿方桌（图6-66）特点：

（1）上下可拆分为矮桌（图6-66-1）和腿子。上部如炕桌，边抹为冰盘沿，有束腰。

（2）壸门牙板两端与腿交接处雕草叶式双牙纹。四腿上部为方材三弯腿，下部为圆材直腿。

（3）此桌的下腿可分开为两组（图6-66-2），这与大多数可拆分展腿桌不同。

闽地也多见此款式鸡翅木展腿方桌。

图6-66　清早期　黄花梨活展腿方桌

长100厘米，宽100厘米，高86.5厘米

（选自朱家溍：《故宫博物院藏文物珍品大系·明清家具》，上海科学技术出版社，2002）

第九节　方腿圆做桌式

束腰桌的腿子一般要用方材，将方腿下端做圆的形式之一是采用展腿，另一种做法是将方腿变圆，即方腿圆做桌式，可见以下诸例。

1. 黄花梨方腿圆做条桌

黄花梨方腿圆做条桌（图6-67）特点：

（1）面沿劈料做，其下束腰极矮，与牙板一木连做。

（2）因为有束腰，腿部上端与束腰相接处应为方正的抱肩榫，但其方在此被处理为圆。

（3）牙板圆混如圆材，与圆腿自然交圈，混面也与罗锅枨相呼应。

（4）桌面下还加霸王枨，以加强结构支撑。

此类式样在闽作家具、苏作家具中都存在。

图6-67　清早中期　黄花梨方腿圆做条桌

长164.6厘米，宽53.5厘米，高81.3厘米

（尼古拉斯·格林利旧藏）

第十节　矮束腰桌式

"矮束腰"主要是指以束腰与牙板一木连做为主体的束腰形式，大致宽度在2厘米以内，被称为"假两上"。其实，其中有的器物自身发展也经历了逐渐由矮向高的演变。最后束腰越来越高，遂与牙板两木分做，成为"真两上"形式。这种发展亦符合"观赏面不断加大法则"的规律。

矮束腰更广泛地存在于闽作之上。

对这类矮小束腰，有行家认为，它们可能就是由四面平式样或假四面平式样演变而来的。当工匠想让观赏面更丰富一些时，便在牙板上做出凹线，于是束腰式样就诞生了。这种观点颇有启发性，和传统之说截然不同。

笔者大胆推测一下，旧时边抹和牙板相连的桌子，当其面沿下的压线过宽之时，就有了束腰之态。日后，为节省材料，这条窄线移到牙板后，就成为"假两上"之一木连做。这一过程应在明式家具之前就基本完成了。所以在明代刻本图书和家具实物上，可以看到个别遗存之迹。有了束腰看面上就有了凹凸，凹凸就是虚实，就是层次的增加。束腰加强了家具空间变化的多样性。

传统说法认为，束腰来源于佛像下的须弥座。固然，须弥座中间内收，上下宽出，但那种形式是高大超常的"束腰"，木器束腰如何仿效它却成如此之矮的样貌？而且，须弥座上下端都是出涩（叠涩）的，而早期的明式家具的束腰上都没有出涩。故可认为，两者无关。

闽作家具中，有高束腰的少，有矮束腰"假两上"的众多，举目可见，相关作品数不胜数。

在明万历小说《牡丹亭还魂记》的版画插图上，可见矮束腰（或无束腰）的条桌（图6-68）。明万历《月露音》（图6-69）插图上可见当时的矮束腰方桌形象。

图6-68　明万历　《牡丹亭还魂记》插图中的矮束腰条桌

（台北故宫博物院《明代版画丛刊》）

图6-69　明万历　《月露音》插图中的矮束腰方桌

（台北故宫博物院：《明代版画丛刊》）

1. 黄花梨矮束腰条桌

黄花梨矮束腰条桌（图6-70）特点：

（1）束腰低矮，与牙板一木连做，为"假两上"式样。

（2）牙板与四腿圆角相接。马蹄足有一定的磨损，原来应更高。

（3）四腿间以罗锅枨相连。

此式样条桌为闽作家具。

图6-70　清早期　黄花梨矮束腰条桌

长97厘米，宽47厘米，高85厘米

（选自中国嘉德国际拍卖有限公司：姚黄魏紫——明清古典家具精品展）

2．黄花梨螭龙纹条桌

黄花梨螭龙纹条桌（图6-71）特点：

（1）桌面下为矮束腰，再下为壸门牙板，牙板下沿左右两边各有三个牙纹装饰。

（2）牙板上的螭龙纹（图6-71-1）形态变化极大，写意性极强，与螭龙纹原型相去甚远。螭龙纹的多节身尾趋向拐子纹，是向拐子纹过渡的形态。

许多桌子面沿上，显露出了穿带的明榫，而且在明榫的一端使用楔子加强牢度程度，这是古代工匠注重家具结构坚固性最典型的体现。此式样条桌为闽作家具。

图6-71-1　黄花梨螭龙纹条桌牙板上的螭龙纹

图6-71　清早中期　黄花梨螭龙纹条桌
长109厘米，宽56厘米，高88厘米
（选自朱家溍：《故宫博物院藏文物珍品大系·明清家具》，上海科学技术出版社，2002）

3. 黄花梨罗锅枨条桌

黄花梨罗锅枨条桌（图6-72）特点：

（1）矮束腰，但束腰（图6-72-1）由上至下逐渐向外倾斜，有些像托腮，且下端压线。这是年代偏晚的特征。

（2）牙板与腿交接处的圆角极小。

（3）罗锅枨高起（图6-72-2），拐弯处偏方，由两材相连。其榫头由销钉锁住。

（4）马蹄足较高。

此条桌虽然光素，但充满年代偏晚的细节符号，属"后明式家具时代"的器物。

此桌为闽作家具。

图6-72-1　黄花梨罗锅枨条桌上的束腰

图6-72-2　黄花梨罗锅枨条桌上的罗锅枨

图6-72　清中期　黄花梨罗锅枨条桌
长133厘米，宽69.5厘米，高83厘米
（选自艾斯克纳斯：《明式家具展览图册》）

第十一节　立面打洼桌式

器物通身为洼面，即边抹、束腰、牙板、直枨、四腿的立面均打洼，并多有捏角线。横竖洼面贯通，形成优美的交圈，成就全器之美。洼面是明式家具方料圆做的一种匠作方式，使全器方中有圆。它常见于闽作家具上。

1. 紫檀方料打洼条桌

紫檀方料打洼条桌（图6-73）特点：

（1）矮束腰与牙板一木连做。

（2）牙板与其下直枨间加矮老，形成长方框，框中装绦环板，板上开鱼门洞。

（3）直枨下安小角牙。

（4）马蹄足高，下部趋尖，外圆内平。

（5）正面有节奏的五组鱼门洞增加了器物的空灵感。

（6）各构件面上均打洼，并饰捏角线。

全器呈现光素特征，抱素怀朴又别开生面。设计上看似天然无雕饰，实则处处匠心雕琢。

此类桌多见于莆田仙游地区，苏地也有存在。

图6-73　清早期　紫檀方料打洼条桌

长196厘米，宽61厘米，高88厘米

（北京私人藏）

2. 紫檀打洼四面平条桌

紫檀打洼四面平条桌（图6-74）特点：

（1）边抹、横枨、四腿、矮老面上均打洼，纵横打洼线脚交圈严密。各角起捏角线。

（2）正面横枨上，三个矮老将横枨与桌面之间的空间分割成四个长方框，框内四面嵌打洼牙条，形成圈口。

（3）方材直腿直足。直腿无马蹄足是地域特色，也是革新之作。

在莆田仙游、漳州地区，均有杂木材质制作的此式样条桌，以漳州为多。但此式样条桌在苏作和广作地区也存在。

图6-74 清早中期 紫檀打洼四面平条桌
长211.5厘米，宽63厘米，高88厘米
（香港两依藏博物馆藏）

3．黄花梨鸳鸯枨条桌

黄花梨鸳鸯枨条桌（图6-75）特点：

（1）大边、抹头、牙板、枨子、四腿的面上均打洼，各角起捏角线。线脚纵横，交圈自然。

（2）矮束腰与牙板一木连做。

（3）代表年代风格的构件是四腿之间的攒接牙条，长材抵牙板，两端近腿处与竖向短材攒成方格角牙（图6-75-1），为鸳鸯枨的演变形式。

此桌虽为闽作家具，也有广作家具之风了。

图6-75-1　黄花梨鸳鸯枨条桌上的方格角牙

图6-75　清早中期　黄花梨鸳鸯枨条桌

长162厘米，宽60厘米，高86厘米

（北京元亨利文化艺术示范馆藏）

4．紫檀方料罗锅枨条桌

紫檀方料罗锅枨条桌（图6-76）特点：

（1）大边、抹头、牙板、罗锅枨、矮老、四腿的面上均打洼，各角起捏角线，线脚交圈。矮束腰与牙板一木连做。

（2）直腿直足。四腿之间攒接罗锅枨，其上置矮老。

故宫博物院藏《十二美人图》中的仕女像旁，为黄花梨拐子纹角牙方桌（图6-77），其面沿、束腰、牙板形态与此类紫檀方料桌形态极为接近。同时，其上有拐子纹角牙、双环卡子花，这些都对理解同类型家具具有年代标准意义。

此桌在闽作、苏作、广作家具中均有制作。

图6-77 清康熙 《十二美人图》仕女像旁的黄花梨拐子纹角牙方桌

（故宫博物院藏）

图6-76 清早中期 紫檀方料罗锅枨条桌

长98厘米，宽49厘米，高87厘米

（选自中国国家博物馆：《简约·华美：明清家具精粹》，中国社会科学出版社，2007）

5. 黄花梨委角长方形卡子花条桌

黄花梨委角长方形卡子花条桌（图6-78）特点：

（1）大边、抹头、牙板、四腿、直枨、卡子花面上全部打洼。

（2）正面直枨以格肩榫与腿相交，其上置三个卡子花（图6-78-1），为委角长方形，中间雕四瓣花纹。

此式样桌子闽苏两地共有。

图6-78-1　黄花梨委角长方形卡子花条桌直枨上的卡子花

图6-78　清中期　黄花梨委角长方形卡子花条桌

长138厘米，宽55.9厘米，高96.4厘米

（苏富比纽约有限公司，1992年9月）

385

第十二节　三弯腿桌式

尽管在明代版画插图图像中，能够看到三弯腿香几，但是，在这类图像上未曾见过三弯腿桌子。在黄花梨桌子中，所见的三弯腿实物基本上是清早期以后制作的。原因可能是更早期的作品在历史长河中被毁坏了，也可能三弯腿桌子开始制作于清早期。作为研究，只能有一份材料说一分话，以现存的清早期实物作推论。

1．黄花梨三弯腿条桌

黄花梨三弯腿条桌（图6-79）特点：

（1）壸门式横牙板上，中间雕螭尾纹，两侧为螭尾尖纹饰，左右两边下缘各出三个牙状曲线。

（2）三弯腿肩部雕变异螭尾纹。

（3）足部厚大，与雕刻复杂的上部相协调，支撑起全桌，达到上下间的均衡，优美而稳定。这与各种桌子直腿下往往有马蹄足的设计用心是一样的。

（4）桌面下以角牙连接牙板和四腿。

此桌侧面（图6-79-1）形态与正面基本一致。清中期后，家具追求更大的雕饰观赏面，这类桌子的优雅之态在新浪潮中不复存在，被另一种审美观和设计实践所替代。

此桌为闽作家具，也带有广作家具风格。

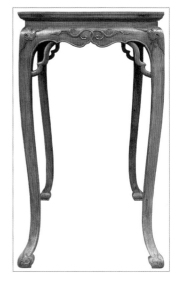

图6-79-1　黄花梨三弯腿条桌的侧面

图6-79　清早期　黄花梨三弯腿条桌

长96厘米，宽49.5厘米，高87.3厘米

（选自邓南威：《隽永姚黄：中国明清黄花梨家具》，生活·读书·新知三联书店，2016）

2. 鸡翅木三弯腿方桌

鸡翅木三弯腿方桌（图6-80）特点：

（1）冰盘沿下收幅度大，下端起粗线。

（2）矮束腰细如皮条线，与牙板一木连做。

（3）罗锅枨以格肩榫与腿相交，两者的粗边线交圈。

（4）腿上截内直外曲，至下部形成三弯曲线。本器形态粗壮，带有一般杂木家具的风格。其三弯形曲线带有自由和活跃之感，改良了此方桌壮硕的面貌。

（5）内卷云纹足（图6-80-1）粗大，与桌上部保持平衡，避免头重脚轻之感。

此款式为闽作家具、苏作家具共有。在漳州地区制作较多。

图6-80-1　鸡翅木三弯
腿方桌的内卷云纹足

图6-80　清中期　鸡翅木三弯腿方桌
长94厘米，宽99厘米，高80厘米
（北京保利国际拍卖有限公司，第37期精品拍卖会）

3. 黄花梨螭龙头爪纹条桌

黄花梨螭龙头爪纹条桌（图6-81）特点：

（1）冰盘沿下压粗线。束腰凸出，形为混面，这较为少见，有别例见于黄花梨螭龙头爪纹炕桌。

（2）壶门牙板中心有分心花，两侧下沿出多个牙纹。

（3）牙板面中心雕饱满灵动的螭尾纹。两侧雕大嘴怒张的螭龙纹，再外侧雕螭尾纹。整体为大小螭龙纹组合，意为苍龙教子。

（4）牙板与三弯腿齐肩相交，而非格肩相交，以保证腿上螭龙头纹的完整性。

（5）三弯腿上粗下细，弯曲幅度巨大，上端雕螭龙头纹，为螭龙吞足形态。

（6）足部粗硕，托起全器，面雕螭爪纹，下抓球体。

此类螭龙头爪纹多见于架子床和炕桌之上，施于条桌上极为罕见。

此桌属漳州地区家具风格，亦带有些广作家具的面貌。

图6-81　清早中期　黄花梨螭龙头爪纹条桌
长197厘米，宽60厘米，高87厘米
（中国嘉德国际拍卖有限公司，2017年香港秋季）

第十三节　宽窄牙板桌式

宽窄牙板桌的牙板中间一段窄，两端加宽，窄宽交集点出尖牙纹。其下沿曲线如罗锅枨，这是莆田仙游地区器物的一种外观特征。

1. 鸡翅木罗锅枨方桌

鸡翅木罗锅枨方桌（图6-82）特点：

（1）大边、抹头的面沿分三段，上段平直，中段内收，下端压窄边线。上段与中段分界处，起线高出面沿（图6-82-1）。清早期家具尚无此特点，说明此桌年代偏晚。

（2）矮束腰面上打洼，也表现出年代偏晚的特点。

（3）牙板中段窄，两端宽，下沿整体看似罗锅枨曲线。

（4）腿间有罗锅枨，曲线舒缓，以齐肩榫与四腿相接。

（5）马蹄足内翻处线条生硬。腿上露出明榫头。

此式样家具多见于莆田仙游地区。

图6-82-1　鸡翅木罗锅枨方桌面沿上的起线

图6-82　清中期　鸡翅木罗锅枨方桌
长94厘米，宽94厘米，高86厘米
（北京保利国际拍卖有限公司，第37期精品拍卖会）

2. 鸡翅木罗锅枨条桌

鸡翅木罗锅枨条桌（图6-83）特点：

（1）桌面攒框装心板。边抹上段平直，下段内收打洼。

（2）矮束腰与牙板一木连做。牙板中段极窄，两端宽大，窄宽交集点出尖牙纹（图6-83-1）。

（3）牙板与四腿圆角相交。

（4）罗锅枨以齐肩榫与四腿相接，明榫外露。

此式样桌多见于莆田仙游地区。

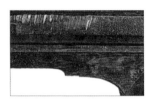

图6-83-1　鸡翅木罗锅枨条桌牙板上的尖牙纹

图6-83　清中期　鸡翅木罗锅枨条桌

长110厘米，宽56厘米，高87厘米

（中国嘉德国际拍卖有限公司，『嘉德四季』30期）

3. 黄花梨垛边条桌

黄花梨垛边条桌（图6-84）特点：

（1）冰盘沿上打洼，下压边线。

（2）边抹下复有垛边，边上起线，线内铲平，俗称"大起地"。

（3）牙板中间一大段窄，两端宽，宽窄分界处出尖牙纹。

（4）罗锅枨位置较常规桌子的罗锅枨靠下一些，其上弯处趋向
中部，以格肩榫与四腿相交。这些均为演变形态。

（5）内翻马蹄足，足尖挑出。

此桌为闽地制作。

图6-84　清中期　黄花梨垛边条桌
长106厘米，宽55.3厘米，高88厘米
（中国嘉德国际拍卖有限公司，2018年秋季）

4．鸡翅黄杨瘿木四面平方桌

鸡翅黄杨瘿木四面平方桌（图6-85）特点：

（1）边抹与牙板、四腿上下接合处为齐平状，为四面平式。

（2）牙板中间一段窄，两端宽。

（3）牙板两端与腿大圆角相交。

（4）四腿上粗下细，足端内翻马蹄较大。

（5）桌面为瘿木板，其上嵌黄杨木拼成的六角形龟背纹
（图6-85-1）。

此桌表现了闽作家具中嵌黄杨木工艺。

图6-85-1　鸡翅黄杨瘿木四面平方桌瘿木面板上的嵌黄杨六角形龟背纹

图6-85　清早期　鸡翅黄杨瘿木四面平方桌

长71厘米，宽71厘米，高84厘米

（北京瀚海拍卖有限公司，2019年11月）

第十四节　矮马蹄足桌式

矮马蹄足在业界被看作年代早的符号，这有一定的道理。使用了200年以上的古家具，足端不被磨损的概率极小，以至这种情况几乎可以不考虑。马蹄足的磨损，多是一侧马蹄足磨损重于另一侧，尤其是其中一只腿足受损最重，这些都是古家具年份较早的表现，符合古家具存放的规律。那些年份早、原始皮壳、未修复的家具多是一条腿足或一侧腿足是较矮的，因其在后世长期置于潮湿的房间角落，受损程度最大。

图6-86-1　黄花梨罗锅枨条桌牙板与腿相交处的圆角

1. 黄花梨罗锅枨条桌

黄花梨罗锅枨条桌（图6-86）特点：

（1）边抹下，牙板与四腿圆角相交（图6-86-1）。

（2）罗锅枨上弯处较生硬，支撑着四腿。

（3）腿上宽下窄。马蹄足磨损严重，呈扁矮状。

此式样广见于福建地区柴木家具上。

图6-86　清早期　黄花梨罗锅枨条桌
长208.5厘米，宽57.2厘米，高88.4厘米
（中国嘉德国际拍卖有限公司，2014年秋季）

2．黄花梨罗锅枨条桌

黄花梨罗锅枨条桌（图6-87）特点：

（1）边抹冰盘沿上打洼，下端压窄边线。束腰与牙板一木连做。

（2）高罗锅枨拱起处抵牙板，但不同常例处是其上弯处是舒缓而上的，这多见于莆田仙游地区。

（3）马蹄足有一定磨损。此桌现高84.5厘米，原高度应更高些。

从高度和式样上都可以认定此桌为闽作家具。

图6-87 明末清初 黄花梨罗锅枨条桌

长217.2厘米，宽59.1厘米，高84.5厘米

（苏富比纽约有限公司，1996年3月）

第十五节　高马蹄足桌式

许多光素马蹄足桌子的基本形制（大符号系统）长期内基本是没有变化的。只是早期家具上的马蹄足经过长时间的磨损，普遍扁矮。而晚期家具上的马蹄足制作时有所增高，又加上磨损少，显得高，所以称为高马蹄。

马蹄足的高低问题还应考虑到苏作、闽作桌类的异同。在闽作家具上，高马蹄足尤为突出，制作时就做得比较高，有的高达8厘米。至清中期，桌、几的马蹄足普遍增高。在广作家具上，也是如此。

1. 黄花梨螭龙纹罗锅枨方桌

黄花梨螭龙纹罗锅枨方桌（图6-88）特点：

（1）马蹄足极高，下部趋尖，外圆内平，足上还雕刻了草叶状纹饰。一方面，在"观赏面不断加大法则"效应下，制作年代越晚的马蹄足越高。另一方面，按照常情和概率看，制作年代晚的家具自然磨损较少，马蹄足当然偏高。

（2）牙板上的螭龙纹形态也可以作为判断年代的另一佐证，左右螭龙纹之间的纹饰已经变异，螭尾纹中间出现火珠纹。而更早期的常见子-母螭龙纹中间只有螭尾纹。

此式样腿足多见于莆田仙游地区家具上。

图6-88　清早中期　黄花梨螭龙纹罗锅枨方桌
长99.2厘米，宽99.2厘米，高87厘米
（北京瀚海拍卖有限公司，2004年秋季）

2. 黄花梨缠枝莲螭尾纹方桌

黄花梨缠枝莲螭尾纹方桌（图6-89）特点：

（1）马蹄足高，下部趋尖，外圆内平。

（2）牙板上的螭龙纹尾部变异，两螭龙间的螭尾纹也变异为缠枝莲纹，成为缠枝莲螭尾纹（图6-89-1）。牙板中间有分心花。

（3）罗锅枨上雕缠枝莲纹。腿上端有拐子纹。此方桌年代为明式家具末期（纹饰图案兼收并蓄期）的产物，此时为明式家具纹饰图案和器型最发达之季。

此式样腿足多见于莆田仙游地区家具上。

图6-89-1　黄花梨缠枝莲螭尾纹方桌牙板上的缠枝莲螭尾纹

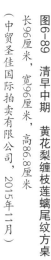

图6-89　清早中期　黄花梨缠枝莲螭尾纹方桌
长96厘米，宽96厘米，高86.8厘米
（中贸圣佳国际拍卖有限公司，2015年11月）

3. 黄花梨螭龙纹罗锅枨方桌

黄花梨螭龙纹罗锅枨方桌（图6-90）特点：

（1）矮束腰下为壶门牙板，牙板中心雕螭尾纹，左右雕螭龙纹（图6-90-1）。牙板下沿左右各出三个牙纹。

（2）马蹄足较高，表明其年代已晚。

（3）桌高87厘米，表明其产地为闽地。

此式样方桌在莆田仙游地区有制作。

图6-90-1 黄花梨螭龙纹罗锅枨方桌牙板上的螭龙纹

图6-90 清早中期 黄花梨螭龙纹罗锅枨方桌

长99厘米，宽99厘米，高87厘米

（厦门拍卖有限公司，2013年春季）

第十六节　内卷球足桌式

有内卷球足的器物较少，从实例看，均是晚期形态。任何有球体构件的家具年代都偏晚。

1. 黄花梨内卷球足条桌

黄花梨内卷球足条桌（图6-91）特点：

（1）冰盘沿底压窄线。矮束腰与牙板一木连做。

（2）腿足上部用材粗大，与牙板格角相交。腿下部逐渐削细，最终镂出内卷圆球为足，足下又垫以圆球。此等设计，加之侧脚明显，使重心上移，有飘逸挺拔感觉。

明式家具的案、桌、几四腿之间，多以枨子、角牙等加强支撑，以防使用久了结构松动或损伤。而此桌无枨子、角牙，仅以宽大的壶门牙板支撑四腿以保证结构的稳固性。整个牙板因壶门式曲线避免了宽大呆板的视觉效果。

一些明代漆木桌，需在平面上髹漆、雕填纹样，故四腿须方正。而黄花梨桌子无图案之虞，故腿足做成方中带圆、上粗下细的造型，显得圆润轻盈。

桌子四腿间没有枨子支撑，存在力学上的缺陷。所以这类无枨结构的器物（非指此器）被修理过是常态，被改装也不可排除。

此式样桌于闽作家具、苏作家具中共有。

图6-91　清早期　黄花梨内卷球足条桌

长91厘米，宽42厘米，高84厘米

（原美国加州中国古典家具博物馆藏）

第十七节　如意云纹足桌式

此式桌足端为如意云纹造型，足翼上翘。明式家具对宋元以来的如意云纹足虽有吸收沿袭，但因为这类原属漆木家具的传统式样，对于黄花梨等贵重材料来讲，颇为费料；加之其无枨之式，极易损坏。所以用黄花梨制作的此种款式家具极为少见。

1. 黄花梨如意云纹足条桌

黄花梨如意云纹足条桌（图6-92）特点：

（1）束腰较高，牙板偏下，犹如横枨，有利于对四腿的支撑。

（2）壶门牙板曲线婉转，下边沿两端各锼出一个牙纹。

（3）足端为如意云纹足式，足尖上翘，为典型宋式如意足的变体。腿中部有三个牙纹（图6-92-1），非大料不可为。其曲线流畅而富有变化，姿态非常器可比。牙纹里侧与如意足内侧均为挖缺做。

此条桌由壶门牙板、腿中部牙纹、如意云纹足等构件勾勒出了多变而美妙的曲线。出色的设计、精致的工艺和不吝施用的木材，成就了这件美器。此式样沿袭宋式，但在明式家具末期，器物上有了更多的心智、人力和物材的投入。

此式样条桌为闽作家具。

图6-92-1　黄花梨如意云纹足条桌腿中部的三个牙纹

图6-92　清中期　黄花梨如意云纹足条桌
长99.5厘米，宽51.5厘米，高88厘米
（选自朱家溍：《故宫博物院藏文物珍品大系·明清家具》，上海科学技术出版社，2002）

图6-93-1 黄花梨
高罗锅枨桌上的极
长牙头

第十八节 棋桌式

棋桌体量较小，高度多为70厘米以上，长宽不足60厘米。

1. 黄花梨高罗锅枨桌

黄花梨高罗锅枨桌（图6-93）特点：

（1）桌面攒框，嵌绿石板。边框宽大，四角为委角。在闽作家具上，绿石板比较常见。

（2）喷面较大，冰盘沿下压宽大边线。

（3）牙板与牙头一木连做，牙头极长（图6-93-1），拐角圆润。

（4）高拱的罗锅枨弯曲度极大，形似满弓。方腿四角起捏角线。

此式样为闽作家具，在福建地区也多有鸡翅木制作的同款式作品。

图6-93 清早期 黄花梨高罗锅枨桌
长58.7厘米，宽51厘米，高74.5厘米
（中国嘉德国际拍卖有限公司，2012年春季）

第十九节　拼圆桌和半圆桌式

拼圆桌为两个半圆桌对拼而成的圆桌，遗存的实物有成对的圆桌，也有仅剩一半的半圆桌。后者的长度是宽度的两倍。本书选取了三例仅存一半的半圆桌（图6-94~图6-96）。历史上，也有单独制作的半圆桌，其长度不是宽度的两倍。

拼圆桌可分为有束腰和无束腰两种，又有直腿和三弯腿两类，又有腿足无枨、管脚枨和托泥三类。半圆桌在明崇祯版《清夜钟》《西湖二集》的版画插图中可见。但目前所见黄花梨实物年代都较晚，应不会早过清初，而且存世量也较少。其身材多高大，为闽作家具。

一、半圆桌型

1. 黄花梨垛边半圆桌

黄花梨垛边半圆桌（图6-94）特点：

（1）桌面一边平直；另一边为半圆，以锼钉榫攒边而成。

（2）大边下垛边一层，四腿以插肩榫与大边相交。

（3）以带弧度的横枨固定腿部，使半圆形桌面下形成三个攒框，攒框四角圆润。这需要以大料做大边和弧枨，并在与腿相交处修出"嘴"。如此，大边和弧枨与腿交合时方能形成圆角。

（4）后二足为内翻马蹄足，前两足为左右翻马蹄式。

在福建地区，由红豆杉木、楠木等材质制作的此类半圆桌极多。

图6-94　清早期　黄花梨垛边半圆桌
长105.2厘米，宽51.9厘米，高86.3厘米
（选自艾斯克纳斯：《明式家具展览图册》）

2. 黄花梨束腰半圆桌

黄花梨束腰半圆桌（图6-95）特点：

（1）形如加宽压低的半个香几。桌面为半圆形，有冰盘沿，下有矮束腰。

（2）壶门牙板外膨，牙板下缘曲线变化多端，与三弯腿大圆角相交。牙板中间雕简短的螭尾纹（图6-95-1），形态收敛。

（3）三弯腿舒展自如，分为上下两截。上截为束腰形，两侧锼出双重牙状轮廓，其正面浮雕卷珠纹，为螭尾纹变体。下截正面浑圆。足端增宽，顺势雕出硕大的卷珠纹。足下有半圆环形托泥及龟足。

此半圆桌为闽作家具。

图6-95-1　黄花梨束腰半圆桌牙板上的螭尾纹

图6-95　清早期　黄花梨束腰半圆桌

长97.2厘米，宽48.2厘米，高93.4厘米

（苏富比纽约有限公司，1991年5月）

3．黄花梨草芽纹束腰半圆桌

黄花梨草芽纹束腰半圆桌（图6-96）特点：

（1）桌面内平外圆，呈半圆形。

（2）矮束腰与牙板一木连做。壶门牙板上雕草芽纹，边沿两侧各出三个牙状纹饰。

（3）三弯腿弧线起伏极大，以插肩榫与牙板相接合，腿面上端雕仰覆草芽纹（图6-96-1）。

（4）足端阴刻内卷珠纹，下承托泥。

此桌纹饰极简，"简"是简化后之再简，而非初始之简。草芽纹和卷珠状纹均是螭尾纹的演化体。故可推断此桌年代偏晚。此半圆桌为闽作家具。

图6-96-1　黄花梨草芽纹束腰半圆桌腿上的草芽纹

图6-96　清早中期　黄花梨草芽纹束腰半圆桌

长98.2厘米，宽47.9厘米，高84.7厘米

（选自侣明室：《永恒的明式家具》，紫禁城出版社，2006）

二、拼圆桌型

1. 铁梨木罗锅枨拼圆桌

铁梨木罗锅枨拼圆桌（图6-97）特点：

（1）由两个半圆桌拼成，名为"串进""串进两半做"，每个半圆桌各有四条腿，两边腿较窄，组合起来为六腿圆桌。

（2）面沿为混面，上下各饰一线。矮束腰与牙板一木连做。

（3）各壶门牙板上均雕螭尾纹，下缘两端各出两个尖牙纹。

（4）腿为三弯形，上直下弯。足端翻出云纹足。

（5）腿间上部连以弧形罗锅枨。

此类拼圆桌为莆田仙游等地的制作。

图6-97　清中期　铁梨木罗锅枨拼圆桌
长119厘米，宽119厘米，高84厘米
（香港两依藏博物馆藏）

2. 鸡翅木拼圆桌

鸡翅木拼圆桌（图6-98）特点：

（1）桌面为独板，面沿上舒下敛，下压一平线。束腰打洼起线，为较晚年代形态。

（2）壶门牙板上雕螭尾纹。

（3）六腿为三弯腿，足内卷，雕涡纹。

（4）半桌单看为四腿，合二为一后，共六腿。

（5）桌面下有霸王枨。

此式样拼圆桌多产于福州及其北部地区，做工接近山区工。

图6-98 清中晚期 鸡翅木拼圆桌
（面）长94厘米，（面）宽94厘米，高84厘米
（南京正大拍卖有限公司，2007年春季）

3．黄花梨独板拼圆桌

黄花梨独板拼圆桌（图6-99）特点：

（1）一对半圆桌可组成圆桌。桌面为厚独板，面沿下端起线。

（2）半圆桌各有四腿，腿与牙板以插肩榫相接。

（3）腿上部有弧形横枨，以格肩榫与腿相接，形成扁长空间。枨上攒相背的拐子纹，成"山"字形。枨下两端置拐子纹角牙，枨面上下起线。

（4）近足部置弧形管脚枨，与对面的直枨组成半圆形，其间置纵横棂格，当地人称之为"地网"。

（5）管脚枨下角牙为张口式钩云纹，这也是闽作家具上一个常见的符号。此桌为莆田仙游做工。

图6-99　清中晚期　黄花梨独板拼圆桌

长104厘米，（分体）宽48.9厘米，高89.5厘米

（苏富比纽约有限公司，1992年6月）

4.红木竹黄拼圆桌

红木竹黄拼圆桌(图6-100)特点:

(1)由两只半圆桌组成,桌面配有活动的两个半圆活罩面。

(2)高束腰上开狭长的炮仗洞。光素牙板膨出。其下置透雕回纹牙条和角牙。

(3)两个半圆桌各四腿,合在一起为健硕的六腿。

(4)弧形管脚枨间,装有可分拆的地网,地网以短材攒接,为层层圆环状加放射状。

(5)桌面为整块红木独板,其上嵌鸡翅木,黑色鸡翅木上又嵌黄杨木书画。嵌竹黄工艺在莆田仙游、福州地区都有使用。

画面为两竿修竹,枝繁叶茂,留白处为草书题款,苍茫飘洒,与修竹犄角相应,融为一体。书文是:天门上各生一竹,倒垂拂谓之天帚。光绪甲辰夏作,应如山大兄雅属,弟朱官登。朱官登印(印文)家在金石山下(印文)(图6-100-1)。

此桌为朱官登参与设计、送予"如山"的礼物,其上的书、画、钤印为此桌提供了明确纪年(清光绪),可资断代,应为世之仅见。

朱官登,字懋安,号性田,出生于福建莆田仙游的书香门第,平生山水、花鸟、人物无所不画,尤善风晴雨雪之竹姿风韵。《中国美术家人名辞典》载:"福建仙游人,善画竹,用笔简洁,颇饶清逸之气。"在《中国美术家人名辞典》中,载有仙游籍书画家20多位,其中只有朱官登为署"臣"字款的宫廷书画家,生活在道光至同治年间。朱官登的作品宫廷多有收藏,据传同治皇帝誉其为"江南画竹第一家"。

从清晚期到当代,在闽中地区,由朱官登始,形成了朱官登、林肇棋、李霞、李耕、黄羲等人为代表的仙游画系(仙游画派),饮誉海内外。

此桌设计优雅,华丽而不减其雅致,无可争议为莆田仙游家具。这也是本人经手过的闽作家具之一。

图6-100-1 红木竹黄拼圆桌桌面上的嵌黄杨木书、画、印

图6-100　清光绪　红木竹黄拼圆桌

（面）长87厘米，（面）宽87厘米，高90厘米

（北京保利国际拍卖有限公司，2008年春季）

第二十节　变异性桌式

在明式家具发展末期，桌类造型中出现了一些不同常规的新式样，主要是局部构件上的变化和新纹饰的出现，也有个别整体造型的新设计，可称为变异性桌式。

1. 黄花梨镂空牙板方桌

黄花梨镂空牙板方桌（图6-101）特点：

（1）桌面下为波浪状（波折状）矮束腰，俗称"荷叶边"束腰。装饰和构件融为一体。

（2）牙板（图6-101-1）镂空，成为曲线状，中间高，两侧低，两端又高起，曲线多变，不同凡常。

（3）牙板面上，中间和两端纹饰均为传统螭龙纹和螭尾纹的演变体，螭龙纹下有拐子纹。

（4）罗锅枨拐弯处靠近中间，曲线较生硬，上有草芽纹。

（5）内翻马蹄足上浮雕回纹。

此式样为莆田仙游工做法。

图6-101-1　黄花梨镂空牙板方桌的牙板

图6-101　清早中期　黄花梨镂空牙板方桌

长99厘米，宽99厘米，高85厘米

（中贸圣佳国际拍卖有限公司，2016年秋季）

2．黄花梨螭龙纹条桌

黄花梨螭龙纹条桌（图6-102）特点：

（1）牙板满雕纹饰，充满新时代的变异性。其中心置分心花，上雕如意形纹饰。左右两条大螭龙纹尾部方折，为拐子螭龙纹（图6-102-1），螭龙头上的角也拐子化。螭龙嘴部出现极小的草芽形变异纹饰。

（2）四腿上部雕拐子纹。最为新奇的是腿上的角牙设计为斗拱式（图6-102-2），前端雕有神态温顺的小螭龙头纹，支撑牙板，且起到装饰作用。

（3）马蹄足高，下部趋尖，外圆内平。

黄花梨明式家具在漫长的使用过程中，被后人髹饰过黑漆是常见之事，本桌就是其中一例。

如果没有腿上斗拱式的角牙，可以轻而易举地判定此桌为闽作家具。其实，这是一种发展变异的结果。而且，当地的鸡翅木方桌也有同类角牙。

图6-102-1　黄花梨螭龙纹条桌牙板上的拐子螭龙纹

图6-102-2　黄花梨螭龙纹条桌腿上的斗拱式角牙

图6-102　清早中期　黄花梨螭龙纹条桌
长98.5厘米，宽64.3厘米，高87厘米
（选自北京市文物局：《北京文物精粹大系·家具卷》，北京出版社，2003）

3. 黄花梨团寿纹供桌

黄花梨团寿纹供桌（图6-103）特点：

（1）形制特殊。俯视图为长方形，四角为委角，有拦水线。边抹接劈料做四腿，足间有管脚枨。

（2）正背面腿间的挡板整面透雕，中为硕大的"美术体"团寿字纹，这种"美术体"寿字纹年代自然要晚于"螭龙体"寿字纹。四角为完全拐子化的螭龙纹，螭龙上下颌均为拐子纹。

（3）供桌两侧上方左右置角牙，雕拐子螭龙纹。

（4）设计上，追求观赏面加大，具有泉州地区的家具特点。此桌整体方正，但不乏圆润的曲线处理，多种线脚含蓄地装饰了全器。

在前后面腿足间加入屏风式挡板，这在明式家具不计其数的桌、几中，是一次大胆尝试，尽管没有后续发展，也值得关注。一般桌类足间不可有挡拦主人腿脚的构件，而供桌用于陈设香炉或供品，刚好无此顾忌。

设计怎样超越常人，怎样突破常规？英国艺术史家贡布里希认为："艺术家是在不断解决社会和艺术传统自身所提出的'问题'，从而形成艺术的发展，艺术是逐增的过程。"此桌的制作，似乎处在贡布里希所说的"问题"情景中。匠师利用了供桌的特殊性，以挡板增大观赏面，其上雕满"美术体"团寿字纹和螭龙纹。

此桌明确是"铲地皮"时收购自泉州，为泉州地区制作。"观赏面不断加大法则"的法力在此供桌腿间进行了一次屏风化的尝试。但工艺史似乎开了个玩笑，公私收藏机构中，仅此一例。此桌是明式家具在发展过程中的勇敢探求，其形态不符合多数桌子的功能，仅是浅尝辄止。故云："所幸有一，不幸有二。"

图6-103 清早中期—清中期 黄花梨团寿纹供桌
长105厘米，宽65厘米，高87厘米
（香港两依藏博物馆藏）

图6-104-1　黄花梨
三弯腿供桌的足部

4．黄花梨三弯腿供桌

黄花梨三弯腿供桌（图6-104）特点：

（1）正面高束腰两端榫头露明。中间加两组矮老，将束腰分割成三个横框，其上各装绦环板，踩地起鼓开光。束腰侧面有抽屉。束腰下加粗大托腮。

（2）牙板宽厚，四足粗壮。壸门牙板与三弯腿连成优美流畅的曲线，恰好消解了全器的沉重感。

（3）足部形如球状（图6-104-1），雕镂玲珑，前所未见，应为外卷球足覆草叶纹的变化演进体。

（4）足下厚大的底座如独立炕桌，造型与桌体上部相仿。

这一系列的做法均表明此桌的制作时代偏晚。其厚重的体态让人联想到清中期某些用材厚重的器物。

此桌为漳州地区家具风格，类似当地的足部雕花大香几（图7-15）。

图6-104　清早中期　黄花梨三弯腿供桌
长115厘米，宽69.8厘米，高97.2厘米
（选自中国古典家具学会：《中国家具文章选辑1984－2003》）

5. 紫檀拐子纹方桌

紫檀拐子纹方桌（图6-105）特点：

（1）边抹为冰盘沿，下压一线。

（2）矮束腰与牙板一木连做。牙板混面，无线脚。

（3）直腿混面，亦无线脚。高马蹄足为闽作家具的传统范式。

（4）腿间两端攒拐子状角牙，两角牙中间为拐子纹拉枨，枨上
的卡子花为集束式拐子纹（图6-105-1）。这些构件均是非典
型的明式家具构件式样，其年代为清中期。

此桌为闽南地区制作。

图6-105-1 紫檀拐
子纹方桌上的卡子花

图6-105 清中期 紫檀拐子纹方桌
长91.5厘米，宽91.5厘米，高87厘米
（香港两依藏博物馆藏）

图6-106-1 紫檀拐子纹活面棋桌上的拐子纹角牙

6. 紫檀拐子纹活面棋桌

紫檀拐子纹活面棋桌（图6-106）特点：

（1）桌面上有活动的盖面板，可拿下。其面沿为混面。桌面亦为混面，与盖板成双混面形态。

（2）因桌面内有凹槽以置棋盘和棋盒，所以，腿间上端攒有三个长方框，框内绦环板落堂起鼓。

（3）四腿均为劈料做，为一大一小混面形式。

（4）拐子纹角牙（图6-106-1）装饰于腿上部。

此桌为闽作家具。

图6-106 清中期 紫檀拐子纹活面棋桌

长93厘米，宽93厘米，高85厘米

（香港两依藏博物馆藏）

7. 楠木外卷足条桌

楠木外卷足条桌（图6-107）特点：

（1）边抹面沿上段平直，中段内收，下段压平线。

（2）束腰打洼，起边线。托腮喷出，截面为三角形。

（3）牙板中间挖壶门形凹面（图6-107-1），中间高浮雕左右向螭尾纹。其两边雕相互勾缠的螭尾纹。上有阴刻螺旋线。两端螭尾纹与卷珠纹形成穿插形态。

（4）腿上端内侧与牙板格角相接，外侧挖出象面轮廓，面上雕卷珠线。其下直腿内收，似亦可以称为案体结构，表现出闽作清式家具形态的多变。

（5）前腿足部前撇，左右外折卷，与象面轮廓相呼应。足部外卷的案子多见于漳州地区。

（6）侧面（图6-107-2）牙板外膨，腿间为三面牙板券口。

（7）背面无雕工，直腿直足。

此桌为漳州地区制作。

图6-107-1　楠木外卷足条桌牙板中间的挖壶门形凹面

图6-107-2　楠木外卷足条桌侧面

图6-107　清中晚期　楠木外卷足条桌

长197厘米，宽50厘米，高110厘米

（北京少帅古韵藏）

8. 红木外翻足条桌（几）

红木外翻足条桌（几）（图6-108）特点：

（1）几面两端下卷，呈卷书状。面沿打洼。

（2）大边下垛薄薄的牙条，中间出洼堂肚，其上透雕一组对称的拐子纹。

（3）牙条下为反向罗锅枨，两端回勾。

（4）腿以宽材制作，中段细小，两端宽大外翻。上端与卷书状下卷相接。
下端挖出外折卷足，足面上下缀有卷珠纹。

（5）前后腿间置管脚枨，其下置洼堂肚牙板，牙板两端回勾。

此桌（几）为漳州地区的盆景条几。

图6-108　清晚期—民国　红木外翻足条桌（几）
长93.5厘米，宽34.5厘米，高89.5厘米
（中国嘉德国际拍卖有限公司，2016年春季）

第二十一节 炕桌炕几式

大概念中的桌炕按使用功能，分为两类：一类是炕桌，放在炕、床的中央，供主人倚靠、吃饭、读写之用，或可放置随手使用的物品，也可用于与友人交谈、弈棋。这种桌子有时也放置在屋中地面上、庭园之中，故有"地桌"之名。还有的做成折叠式，可供外出携带。另一类是炕几，放在炕的两头，专供放置器用，造型又长又高又窄。

炕桌是明式家具中的大项，多姿多彩。主要分为三弯腿型、直腿型、板腿型。其中尤其以三弯腿型实物为多，其式样亦有区别，主要是三弯腿卷云纹足型、三弯腿螭龙头爪（狮头虎爪）纹型、三弯腿外卷球足型。目前存世的炕桌实例多数是清早期制作的。

一、三弯腿卷云纹足型

三弯腿卷云纹足炕桌是炕桌中的大宗，在闽作家具、苏作家具中均存在，它们以三弯腿、足部阴刻云纹为特征。

1．黄花梨卷云纹足炕桌

黄花梨卷云纹足炕桌（图6-109）特点：

（1）桌面攒框装板，边抹用材厚大。周身光素，但其上仍可见匠师突破光洁质朴状态的努力和效果。牙板上锼出壸门曲线，下缘两侧各锼出三个牙纹，两圆一尖，加强了牙板曲线变化。

（2）腿为三弯状。足部浅镂卷云纹，亦是曲线思维的表现。

尽管此炕桌没有雕刻图案，貌似年代偏早，但是其牙板下沿两侧的三个牙纹为偏晚的装饰形式。它式样传统，没有图案，但有晚出的细节符号。

此式样炕桌在闽作家具、苏作家具中通有。

2．黄花梨螭龙纹炕桌

黄花梨螭龙纹炕桌（图6-110）特点：

（1）本例与上例形成对比。牙板上左右雕对称的大螭龙纹，其中间为对称的卷草式螭尾纹（图6-110-1）。完整的螭龙纹和卷草形螭尾纹组成大螭龙和小螭龙（简化为螭尾纹）的子母螭龙组合。

（2）腿足三弯，足上雕内卷云纹。

（3）腿肩上有三角形纹饰，此纹饰应为螭龙纹的简化抽象体。莆田仙游工炕桌上常常有此类三角形纹饰。

此式样炕桌在闽作家具、苏作家具通有。

图6-109 清早期 黄花梨卷云纹足炕桌
长97厘米，宽63厘米，高31厘米
（河北刘树清藏）

图6-110-1 黄花梨螭龙纹炕桌牙板上的螭龙纹和螭尾纹

图6-110 清早期 黄花梨螭龙纹炕桌
长90厘米，宽44.5厘米，高27.5厘米
（河北藏家旧藏）

在探讨明式家具纹饰的过程中，一直有一个神秘的难题，这就是众多器物的牙板、前柜中间的卷草形纹饰，传统称谓为"卷草纹"①，而且似乎已成定论，深入人心。"卷草纹"简单地得名于形，但其由何而来，寓意是什么？在大量双首相向的螭龙纹中间多有这种"卷草纹"，它为何如此程式化地搭配，为何这么持久广泛地使用于明式家具乃至清式家具上？

这本来是一个大谜团，但我们"见怪不怪"了很多年。图像观察让"卷草纹"谜底首先从另一端解开。仔细观察众多图例，在一些牙板、前柜上，左右两个螭龙纹的分叉卷曲状尾部后面，往往有不显眼的纹饰也是分叉卷曲状，其形态与螭龙纹尾端是一致的。

再进一步观察，大量的牙板、前柜的螭龙纹中间的"卷草纹"，也与左右两侧的螭龙尾端（分叉卷曲状）形态相近或相同。只是牙板、前柜两端的卷草形纹饰只取螭龙的尾尖，而牙板、前柜中心的卷草纹则取螭龙的后段尾部，并左右对称，构成一个新的蔓草形象。

发现这个规律，再以其观察各个实物，除某些晚期变异形态外，它屡试不爽，可称之为固定范式。实际上，这种"卷草纹"左右枝形态就是两个螭龙的分叉卷曲状尾部形态，它们是小螭龙的简化和象征。

战国、两汉以来，延续下来的螭龙纹尾部一直就是卷草形的，呈分叉卷曲状，这种卷草形螭龙尾部在明式家具上进一步演变和美化。而长期以来，人们一直误把卷草形螭尾纹认定是另外的草叶装饰。

这种左右分枝的卷草式螭尾纹分别与左右两面的螭龙纹组合，构成左右对称的两组子母螭龙纹饰。螭龙大张其嘴，理应是面对小螭龙施教。那左右向的卷草形螭尾纹正是大螭龙施教的对象——小螭龙。不然，两个大螭龙，张嘴怒喊便无法理解。

只有这种理解，才能解释两只螭龙张嘴相向的对象为何物，才能理解所谓"卷草纹"之来路和含义，它和螭龙纹之间才有了逻辑关系。所以，笔者得出的结论是：牙板、前柜、靠背板上两个螭龙中间的卷草纹就是左右对称的螭尾纹，应称为双螭尾纹，或简称为螭尾纹。其卷草形螭尾纹是喻象，小螭龙是喻义。

如果以图像学的理念看，明式家具上的纹饰系统是思想观念的具体形态。其图必有意，意必含有社会心理。古人不会无缘无故地长期大规模地使用一种没有文化含义的卷草叶纹饰。

由此递进思考，明式家具上所有的草叶形态（包括卷草式、草芽式及演化的拐子式）的纹饰，都与螭龙纹尾部形态相关。大致来看，其与原型越相同、越相近者，年代越早；与原型越不相同、越不相近者，或者说是卷草形态变异越大者，年代越晚。这也是一种考古类型学的理念。

螭尾纹是明式家具中极为重要的纹饰符号，从符号学的角度说，它是"能指"。它代表的一种历史价值观是"所指"②。苍龙教子、教子成才就是其所指，就是其当时的含义。

当人们的听觉、视觉或其他感官接收到一个直观的、形象的、具体的东西，这便是符号的能指。而它被理解或被联想到的含义则是符号的所指。符号传递信息的含义在当时是约定俗成的，一看便知，绝不会模棱两可，让人捉摸不透。

在明式家具上，各种纹饰符号都有意义明确的所指，即明确的内容含义。结合符号学、历史学的基本原理对明式家具进行具体的、落地的解读，可以得出超出艺术史、家具史范畴的纹饰研究结果。

---

① 王世襄：《明式家具研究》文字卷，三联书店（香港）有限公司，2008，第179页。
②"能指"和"所指"是索绪尔语言学的术语。索绪尔认为：任何语言符号都是由"能指"和"所指"构成的，"能指"指语言的声音形象，"所指"指语言所反映的事物的概念。

3. 黄花梨螭尾纹炕桌

黄花梨螭尾纹炕桌（图6-111）特点：

（1）牙板上雕卷草形螭尾纹（图6-111-1），代表螭龙纹。但其上增加了四叶花卉纹，更显繁复。卷草形螭尾纹曲线饱满流畅，婉转迂回，形成了自身独特的美感，它在器物视觉中心处取代了写实的螭龙纹。

（2）三弯腿上直下弯。足上阴刻回纹（图6-111-2），为内卷云纹的变化形态，也表明此桌年代偏晚。

（3）腿肩上有三角形纹饰，为螭尾纹的变异体。

此类炕桌在闽作家具、苏作家具中通有。

图6-111-1　黄花梨螭尾纹炕桌牙板上的卷草形螭尾纹和花卉纹

图6-111-2　黄花梨螭尾纹炕桌足上的回纹

图6-111　清中期　黄花梨螭尾纹炕桌

长101.5厘米，宽70.8厘米，高30.6厘米

（中贸圣佳国际拍卖有限公司，2015年秋季）

二、三弯腿外卷球足型

外卷球足是卷云纹足的发展型。由卷云发展为卷球，已自成一型，故独列一型。

1．黄花梨搭叶纹球足炕桌

黄花梨搭叶纹球足炕桌（图6-112）特点：

（1）壸门牙板上，雕左右对称的大螭龙纹，中间为对称的卷草形螭尾纹（图6-112-1），牙板两端和左右腿上部亦雕螭尾纹。大螭龙和螭尾纹形成大小螭龙纹组合，意为苍龙教子。牙板中间置分心花。

（2）三弯腿足部为卷球状，且覆草叶纹（图6-112-2），俗称为"搭叶纹球足"。球足本来年代就晚，其上又加上搭叶纹，年代进一步偏晚。而且此桌较晚的年代表现还有牙板分心花上雕草芽纹。

此类炕桌为闽作家具、广作家具通有作品。

图6-112-2　黄花梨搭叶纹球足炕桌球足上的塔叶纹

图6-112-1　黄花梨搭叶纹球足炕桌牙板上的螭龙纹和螭尾纹

图6-112　清中期　黄花梨搭叶纹球足炕桌

长96.5厘米，宽61.6厘米，高30.5厘米

（选自美国旧金山民间艺术与工艺博物馆：《中国古典木质家具》）

2. 黄花梨卷球足炕桌

黄花梨卷球足炕桌（图6-113）特点：

（1）足上有凸出的球体（图6-113-1），圆球形态更为突显，表明此桌年代较上例更晚。

（2）牙板上饰写意的草芽纹（图6-113-2）也是晚出的简化纹饰，与卷球足年代吻合。这种草芽纹为螭尾纹多次简化后的形态。螭尾纹形式有所变化，但其苍龙教子的寓意依然保留，体现了明式家具纹饰简化机制之功。

（3）牙板下缘两端各有三个牙纹装饰，增加曲线的变化，也是一种年代偏晚的标志。

从整体形态上看，此炕桌属于"后明式家具时代"的器物。

此类炕桌为闽作、广作通有作品。

图6-113-1
黄花梨卷球足
炕桌的卷球足

图6-113-2 黄花梨
卷球足炕桌牙板上的
草芽纹

图6-113 清中期 黄花梨卷球足炕桌
长94厘米，宽61厘米，高30厘米
（选自中国国家博物馆：『大美木艺——中国明清家具珍品』）

三、三弯腿螭龙头爪（狮头虎爪）纹型

螭龙头爪纹，长期以来被称为"狮头虎爪纹"或"兽头吞足纹"。这实为误读，应称之为螭龙头爪纹。

1. 黄花梨螭龙头爪纹炕桌

黄花梨螭龙头爪纹炕桌（图6-114）特点：

（1）腿肩处雕兽面纹，足上雕兽爪纹，它们实为立体的螭龙头爪纹（图6-114-1）。

（2）牙板中心有分心花，其上螭尾纹左右勾缠，形态规整。两边为螭龙纹（图6-114-2），与腿足上的螭龙头爪纹相呼应。牙板两侧下缘两端各出三个牙纹。

此类炕桌在闽作家具、苏作家具中通有。

图6-114-1　黄花梨螭龙头爪纹炕桌腿足上的螭龙头爪纹

图6-114-2　黄花梨螭龙头爪纹炕桌牙板上的螭龙纹

图6-114　清早中期　黄花梨螭龙头爪纹炕桌

长90.4厘米，宽72厘米，高31厘米

（选自首都博物馆："物得其宜——黄花梨文化展"）

2．紫檀螭龙头爪纹炕桌

紫檀螭龙头爪纹炕桌（图6-115）已出现广作家具做工的倾向，有新的变化，但仍然可见对此前闽苏两地炕桌的传承。其特点：

（1）桌面上有拦水线。矮束腰与牙板一木连做。

（2）为配合方正的纹饰，牙板成为直牙板，而非常见之壶门牙板。牙板上的螭龙纹（图6-115-1）有新的变化，中心处为变异的如意螭尾纹，左右各有三个螭纹，依次为尖嘴大螭凤纹、上唇上翻大螭龙纹、回首小螭龙纹。三者连绵成带，为变异的子母螭龙组合纹饰。这些纹饰让此桌成为螭龙头爪纹炕桌中的独具风格的一款，除地域特色外，也有年代偏晚的特点。

（3）腿肩上的螭龙头（图6-115-2）双目怒视，大口怒张，极为形象地表现出教子务严的寓意。

此桌虽为闽作家具，也有广作家具之风。

图6-115-2　紫檀螭龙头爪纹炕桌腿肩上的螭龙头纹

图6-115-1　紫檀螭龙头爪纹炕桌牙板上的螭龙螭凤纹

图6-115　清早中期　紫檀螭龙头爪纹炕桌
长98厘米，宽66厘米，高30厘米
（中贸圣佳国际拍卖有限公司，2016年秋季）

3．鸡翅木螭龙头爪纹炕桌

鸡翅木螭龙头爪纹炕桌（图6-116）特点：

（1）边抹攒框，装楠木心板（图6-116-1）。面沿上打洼，下压边线。

（2）束腰打洼，正面嵌三根黄杨木条。

（3）洼堂肚牙板面上，由卷珠纹与曲线组合成变体的正面螭龙头纹。

（4）侧面牙板形态与正面牙板一致，略为简化。

（5）腿肩部雕立体螭龙头纹，足雕螭龙爪纹（图6-116-2）。

此桌为福州地区制作。福州及闽北地区鸡翅木制品遗存较多。

图6-116-2　鸡翅木螭龙
头爪纹炕桌腿足上的螭龙
头爪纹

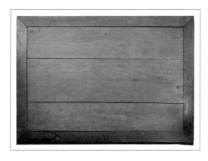

图6-116-1　鸡翅木螭龙头爪纹炕桌
桌面上的楠木心板

图6-116　清中晚期　鸡翅木螭龙头爪纹炕桌
长67厘米，宽48厘米，高16厘米
（北京少帅古韵藏）

425

四、直腿马蹄足型

1. 黄花梨直腿马蹄足炕桌

黄花梨直腿马蹄足炕桌（图6-117）特点：

（1）边抹为混面，中间打洼。

（2）矮束腰与牙板一木连做。

（3）牙板与四腿圆直角相交。

（4）直腿微弯，马蹄足较高，闽作家具风格明显。

2. 黄花梨罗锅枨炕桌

黄花梨罗锅枨炕桌（图6-118）特点：

（1）边抹为冰盘沿。矮束腰与牙板一木连做。

（2）牙板与四腿边缘起线。

（3）两腿间的罗锅枨上抵牙板，装饰性较强，为典型的闽作家具罗锅枨位置处理方式。

（4）束腰与牙板上开有一对抽屉。抽屉的高度大致等同于束腰和牙板的高度，这点颇为独特，工艺难度大，在炕桌中别具一格。

（5）马蹄足高度适中。

此式样炕桌为闽作家具。

图6-117 清早中期 黄花梨直腿马蹄足炕桌
长99厘米，宽63厘米，高26.5厘米
（中贸圣佳国际拍卖有限公司，2017年春季）

图6-118 清早中期 黄花梨罗锅枨炕桌
长90.5厘米，宽54厘米，高28.5厘米
（广东留余斋藏）

五、板腿几型

独板腿足之器多见于闽作家具，尤其是板腿下端挖出卷书式足的，多为一木连做，非宽材不可为。闽作家具用材豪奢，为世人称奇。

1．黄花梨板腿炕几

黄花梨板腿炕几（图6-119）特点：

（1）整器由三块整板构成。几面与板腿格角相交。

（2）两板腿侧面透雕"螭龙体"团寿字纹（图6-119-1），接近"美术体"团寿字纹，中间尚存螭龙头纹，为"螭龙体"团寿字纹向"美术体"团寿字纹过渡的形态。可以说其是螭龙纹，又可以说其是螭龙团寿字纹。此纹饰中寿字的语境明确为苍龙教子。

（3）足端为内翻卷书式。此桌卷书式足极小，与板腿一木连做（图6-119-2）。由三块整板组成和内翻卷书式足是板腿炕几的基本造型。

此炕几的长度、高度超过一般炕桌，几面下主人可以盘腿，故有人称其为琴几。

在明式家具实物中，板腿桌（几）多制作于清早期至清中期，其上带有明显的装饰，惯例是在板腿上开光，其间透雕图案。

由此推断，板腿是在追求观赏面加大趋势下新出现的构件。

此式样炕几在福建还多见柴木作品。

图6-119-1　黄花梨板腿炕几上的螭龙团寿纹

图6-119-2　黄花梨板腿炕几与板腿一木连做的卷书式足

图6-119　清早期　黄花梨板腿炕几
长156厘米，宽33厘米，高41厘米
（香港两依藏博物馆藏）

2. 紫檀独板炕几

紫檀独板炕几（图6-120）特点：

（1）几面为独板，与板腿大圆角相交。

（2）板腿中腰内凹，从上至下成四弯形曲线，优美难得。这是闽作家具上除直板腿、三弯形板腿形态之外的又一板腿形态。

（3）足与腿以榫卯相接，足尖上翘内勾。

由整木挖出两端下卷的小几在闽作家具中源远流长，龙眼木和紫檀等木材均有制作。清中期的条桌吸收此造型，成为板腿条桌。此桌明确发现于福建地区，其特征也符合闽作家具风格。

图6-120 清中期 紫檀独板炕几
长162厘米，宽45.5厘米，高32.5厘米
（选自《风华再现：明清家具收藏展》，1999）

第七章
香几类

第一节 圆香几式

圆香几有三弯腿型和鼓腿型，以三弯腿型为多。鼓腿型极少，且年份较晚。下列数例圆香几可以大致代表三弯腿圆香几的不同形态。

一、三弯腿圆型

1. 黄花梨四足圆香几

黄花梨四足圆香几（图7-1）特点：

（1）几面直径小，腿肩直径渐大，足间直径最大。整体形态上小下大，稳定感强。四足下部略作收敛后又大幅度外弯，曲线婀娜。形态较一般圆香几更优雅平稳，雍容华贵。上下曲线多方向变幻，充满设计的巧思。

（2）四个牙板外膨，下缘曲线变化多端，各自中央雕卷珠如意纹，与足端纹饰呼应。四腿的插肩榫与牙板相交处上方亦浮雕卷珠纹。

（3）腿为上下两截形态，上截正面浮雕草芽纹，下截正面出剑脊线至足底。

（4）足端外翻逐渐加大，顺势雕出卷珠纹。

（5）足下有圆环形托泥及龟足。

此香几为闽作家具。

图7-1 清早中期 黄花梨四足圆香几

长56厘米，宽56厘米，高93厘米

（选自中国古典家具博物馆：《中国古典家具学会会刊》，1990年1月）

2. 黄花梨独板五足圆香几

黄花梨独板五足圆香几（图7-2）特点：

（1）几面为独板，面沿打洼，上下边沿起线。笔者所见其他香几多是攒框装板造法，与此几不同。

（2）五段束腰有五个鱼门洞开光，鱼门洞高起阳线，内外地子铲平。其下有窄窄的托腮。托腮的出现是年代偏晚的标志。其整体发展趋势是由窄变宽，由矮变高。这在许多香几上可以得以体现。

（3）壸门牙板外膨，下缘起优美的阳线，由牙板中心向腿上方伸延，终端成垂钉状。

（4）五腿三弯，上弯下直，区别于其他黄花梨香几的三弯腿。此香几为所见的唯一一个下截腿为直腿的圆香几。在福建地区，有上弯下直的腿形、下承独板地平的圆凳，这也是认定此香几为闽作家具的依据。况且，其几面和地平均为独板。

（5）足底外翻卷球，雕变体的搭叶纹（图7-2-1），并与腿上部的垂针形纹饰遥相呼应，十分考究。球足下为覆斗状方木块。

（6）足下为独板地平，这不同于一般黄花梨香几，其他黄花梨香几的托泥多攒成环形。

（7）地平直径等于或微微大于几面直径，但小于腿肩处的直径。

其他的细高瘦长形圆香几，足下多内收，予人头重腿轻的观感之外，亦有不稳之虞。故此几以板状地平形成下部的沉着之貌，并加强了稳定性。可能这是工匠的另一种自觉，也是闽地的匠作特点。

图7-2　清早中期　黄花梨独板五足圆香几
（面）长41厘米，（面）宽41厘米，高97厘米
（原美国加州中国古典家具博物馆藏）

图7-2-1　黄花梨五足圆香几球足上的变体搭叶纹

图7-3　明万历　《月露音》版画插图中的香几

（台北故宫博物院：《明代版画丛刊》）

传统漆柴木家具的托泥诚然利于器物的坚固稳定，但不利于主人腿脚出入屈伸和腿间空间的打扫清理。硬木家具出现后，由于其材质性能远胜过漆木、柴木，硬木桌类逐渐放弃了长久以来的托泥范式。腿上有枨的桌子为数众多，而带托泥的桌子则寥若晨星。

香几类器物由于不涉妨碍腿脚屈伸的问题，又常在室中央、院子中央摆放，其形体细高，更注重稳定性，所以大多保留了托泥。足下装托泥有利于强化四腿的稳定性，也有助于整件器物重心下移，使用起来更加稳定。三弯腿圆香几形态特点主要如下：

（1）腿上大下小，呈三弯形下行，在最低处，一般是以壮硕的足部收尾，足部有外翻云纹式、外翻球式等。腿之圆滑流动的曲线最终坐落在坚实的足底部，具有稳定感。它们构成了抑扬顿挫的节奏，形成飘动与静止的对比，这是三弯腿的视觉形式规律。

（2）三弯腿与壸门牙板相配，珠联璧合，相得益彰，其曲线获得了更美的视觉效果。从壸门牙板中心向两侧看，牙板与三弯腿圆角相交，两边各为一种加长的三弯形。它们造就了变化、对比，使线条更活跃，更富于流动感，使家具呈现出飘逸秀美的空间形式。

在古典家具制作中，三弯形是一个神奇的线向形态，传统匠作将这种曲线之光发扬得淋漓尽致。三弯腿与壸门牙板的曲线效果体现着匠人对古典艺术美的追求，曲圆实际是一种巧华与丰繁的视觉体现。在这一点上，它们异于又胜于现代主义的平直和简古。

（3）从用材看，三弯腿无疑非大材不可胜任，它是豪奢用材制作理念的产物。纤细的三弯之物就是一个矫情的制造，用材如七尺壮汉，成品却似娇柔弱女，这也是一种沿袭了传统大漆家具的特殊美学成果。

（4）在圆形香几中，如果以黄花梨四足香几（图7-1）为参照物，可以说，有一些成品似乎走向了"变态美"的境地。它们过分追求腿足的内收，形成一种不稳定感。也可能是艺术品走向极致之时都会出现病态的成果，以至对它们用不同的评价标准可以得出至美或至丑的截然不同的评价。

其实，在明万历年间的出版物中，可见有的香几已有腿足过于内收之势，有上重下轻之憾。如明万历年间的《月露音》版画插图中的香几（图7-3）。

3. 铁梨木五足香几

铁梨木五足香几（图7-4）特点：

（1）几面为独板，这是闽作家具的重要特征。

（2）边沿为冰盘沿，下压一线。高束腰上，五腿榫头露明。五节束腰上挖鱼门洞。下有棱形托腮。

（3）壶门膨牙板，下缘两侧各出一个尖牙纹。

（4）三弯腿上宽下窄，中段两侧各出三个牙纹。

（5）足端硕大，足尖外挑，下垫圆球。足部形态有失于粗略，这也与由铁梨木制作相关。

（6）足下承圆形托泥，有龟足。

此香几上下各部位宽度之比为：几面直径略小于腿肩最宽处，后者与足尖之间宽度基本相等。这就保证了此香几的平稳感，尤其是其又较矮。此几具有闽北地区家具特点。

图7-4 清早中期 铁梨木五足香几
长67厘米，宽67厘米，高89厘米
（选自王世襄：《明式家具珍赏》，文物出版社，2003）

二、鼓腿型

1. 黄花梨五足鼓腿香几

黄花梨五足鼓腿香几（图7-5）特点：

（1）几面由五段大边攒接成圆框，内装心板。几面为冰盘沿，边沿起宽拦水线。

（2）五段打洼束腰对应五段大边。打洼束腰表明年代之晚

（3）五腿间置五段膨牙板，均为洼堂肚式。牙板与几腿大圆角相交。

（4）鼓腿上端极宽极厚，以插肩榫与牙板相接，非宽厚大材难以为之。鼓腿上粗下细，曲度极大，可称为"大挖"（"大弯"）。

（5）足内卷成扁圆钩形。足下为圆托泥。

此式样香几在闽作家具中有制作。

图7-5　清中早期　黄花梨五足鼓腿香几

（面）长47.2厘米，（面）宽47.2厘米，高85.5厘米

（选自王世襄：《明式家具珍赏》，文物出版社，2003）

2．黄花梨五足鼓腿香几

黄花梨五足鼓腿香几（图7-6）特点：

（1）相比而言，此香几高度大于长度、宽度近30厘米，故其显得瘦长，但是仍然有一种浑圆之貌。

（2）几面起宽拦水线，大边内装心板。大边为混面，下压窄线。

（3）束腰打洼，其下的五块膨牙板为洼堂肚式。牙板与圆腿交圈，形成连续的婉转线条。

（4）以上例相比，此几鼓腿微弯，称为小挖。足部放宽，形成左右和内侧的沉重马蹄足。如此，视觉上五足可以托起全几。足部壮大起来，这对所有上部形态较大的桌几都很重要，加强了家具稳定的感觉。

在这类竖长的空间中，使用洼堂肚牙板是适宜的，若将其用在扁宽的空间中，视觉上则有压抑之感。

图7-6　清中期　黄花梨五足鼓腿香几
长50.8厘米，宽50.8厘米，高78.12厘米
（选自莎拉·韩蕙：《中国古典家具简约之美》，2001）

435

第二节　方香几式

方香几可分为直腿型和三弯腿型。

一、直腿型

1. 黄花梨直腿方香几

黄花梨直腿方香几（图7-7）特点：

（1）几面嵌桦木板。面沿中段打洼。

（2）腿足用料硕大，马蹄足扁矮（图7-7-1）。因为下有托泥，故马蹄足扁矮。

此几整体造型中规中矩，简单而拙朴，从年代上看早，为明末清初之物。常见方香几上嵌大理石板或瘿木、桦木，这不排除原档就是如此制作，但也有另外的可能。香几上放焚香之物，几面易损，后世常有修配，以旧石板和其他旧木板代替旧板，较为方便，且不易被识破为新配。

此式样方香几于闽地、苏地都有制作。

图7-7　明末清初　黄花梨直腿方香几
长45.4厘米，宽31.8厘米，高83.5厘米
（佳士得纽约拍卖有限公司，2013年3月）

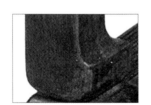

图7-7-1　黄花梨直腿
方香几上的扁矮马蹄足

2. 黄花梨绿石板方香几

黄花梨绿石板方香几（图7-8）特点：

（1）几面嵌绿石板。闽地黄花梨家具多有嵌绿石之作。几面为大喷面，边抹极宽大，冰盘沿下端内收较大。

（2）高束腰露明，其间装鸡翅木绦环板，上开两个鱼门洞。黄花梨与鸡翅木的搭配也多见于闽作家具上。

（3）牙板与四腿圆角相交，腿肩微溜，与大喷面形成对比，一张一屈，富于变化。

（4）马蹄足偏高（图7-8-1），下承托泥。

此几的大喷面、高马蹄足以及高拔的造型，不同凡例，均显示出明式家具末期器物的改良。

此方香几为闽作家具。

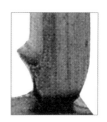

图7-8-1　黄花梨绿石板方香几的高马蹄足

图7-8　清早中期　黄花梨绿石板方香几

长44厘米，宽42厘米，高79厘米

（选自洪光明：《黄花梨家具之美》，南天书局有限公司，1997）

3. 黄花梨托腮方香几

黄花梨托腮方香几（图7-9）特点：

（1）边抹较宽，心板较小。边抹为冰盘沿，下压窄线。

（2）束腰两端露明，两边起线。

（3）托腮外膨，几乎与边抹齐平，横截面呈三角形。

（4）牙板宽大，四腿粗壮，边起线，贯穿上下。

（5）内翻马蹄足较高，下有方形托泥及龟足。

福建地区有拜月风俗，闽南称月亮为"月娘妈"。中秋夜，全家摆放香几、香案，上放瓜果、月饼，瓜果中有桂圆，取团圆之意。当地男子海外营生者多，夜深人静时，焚香祈祷亲人平安，这是香几的另一种用途。在明代绘本小说中的插图上常见如此情景。

图7-9 清早中期 黄花梨托腮方香几
长28.5厘米，宽28.5厘米，高77厘米
（选自王亚民：《故宫博物院藏明清家具全集》，故宫出版社，2015）

4．黄花梨罗锅枨长方香几

黄花梨罗锅枨长方香几（图7-10）特点：

（1）面沿与牙板、四腿齐平，成四面平之态。

（2）罗锅枨的位置接近牙板，上弯处紧挨腿部。

（3）四腿用材粗硕。原足部应较高，但磨损较大。

此几牙板和罗锅枨的位置关系处理与其他多例闽作家
具相同，如黄花梨罗锅枨条桌（图6-86），黄花梨鸡翅
木万字纹架子床（图3-43）的下座。

此式样长方香几为闽苏两地共有家具式样，闽地为多。

图7-10　清早期　黄花梨罗锅枨长方香几
长56.8厘米，宽33.8厘米，高80.3厘米
（中国嘉德国际拍卖有限公司，2011年春季）

三、三弯腿型

香几因不受主人身体尺度的限制、不用过多承重，可以做出夸张和更多的对比变化。所以，香几的三弯腿使用明显多于桌子，方形、圆形香几都是如此。

一般桌子牙板上，常见螭龙纹加螭尾纹组合的子母螭龙纹范式。但由于香几牙板短小，雕刻空间有限，螭龙纹被弱化，仍致彻底消失，牙板上只保留了螭尾纹。

图7-11-1 黄花梨外卷球足长方香几的外卷球足

1. 黄花梨外卷球足长方香几

黄花梨外卷球足长方香几（图7-11）特点：

（1）全身光素无雕饰，似乎是较早的香几形态，但外翻球足（图7-11-1）的做法表明其制作于明式家具末期。由炕桌的卷云纹足至球足的演变轨迹分析，外翻球足是很晚出现的式样。

（2）束腰与壶门牙板一木连做。壶门牙板两端锼出两个牙纹。

（3）三弯腿与牙板圆角相交。其腿上直下弯，足下承托泥。

此式样长方几闽苏两地均有制作。在福建地区，还多见由楠木制作的此式样长方几。

图7-11 清早中期 黄花梨外卷球足长方香几
长57.8厘米，宽60厘米，高80.7厘米
（中国国家博物馆：承古融今 星汉灿烂——中国嘉德艺术品拍卖20年精品回顾展，2013）

2. 黄花梨螭尾纹方香几

黄花梨螭尾纹方香几（图7-12）特点：

（1）几面边抹宽大，嵌瘿木心板。冰盘沿下端内收明显，益显单薄，这代表了晚期明式家具桌、几面沿的一个发展趋势。

（2）牙板中间雕硕大的螭尾纹。

（3）腿肩部的纹饰为螭龙纹的变体（图7-12-1），它与牙板中间的螭尾纹一起组合成完整的子母螭龙纹，整个纹饰寓意苍龙教子。推而广之，明式家具各类器物腿肩上的这类形态简化、寓意不清的纹饰都是螭龙纹的变体。

（4）足部浮雕内卷云纹，正面雕草叶纹，增强了器物下部的稳定感。

（5）腿上部内侧凸出的牙纹和巨大的内卷云纹足加强了此香几的雄壮之态。

此式样方香几在闽作家具、苏作家具中通有。

图7-12 清早期 黄花梨螭尾纹方香几
长52.1厘米，宽52.1厘米，高90.2厘米
（苏富比纽约有限公司，1999年3月）

图7-12-1 黄花梨螭尾纹方香几腿肩部上的变体螭龙纹

3．黄花梨六方形香几

黄花梨六方形香几（图7-13）特点：

（1）六角形几面为楠木独板。在闽作家具上楠木板独板极为常见。

（2）托腮肥硕高起。清中期紫檀家具上常见的厚大托腮，这件黄花梨家具已着其先鞭。其上雕扯不断纹（图7-13-1），显示此几年份已近清中期。

（3）腿足增加至六条。香几由四腿变为五腿，再由五腿演变为六腿，显示着年代的变迁。

图7-13-2　黄花梨六方形香几腿内侧的圆雕螭龙纹角牙

（4）各腿上部内侧均置黄杨木螭龙纹圆雕构件（图7-13-2）。圆雕为浮雕、透雕进一步发展后的工艺形式。此圆雕构件可作为装饰，但主要作用是增强受力，用以支撑曲度极大的三弯腿上部。三弯腿上部木纹为横茬状，受力时易折断。所以，出于力学方面的考虑，将此装饰性构件置于腿上端内侧。其作用如某些黄花梨高束腰桌几腿上端内侧的衬木（角牙）。

越到发展后期，一些明式家具的三弯腿弯曲度越大，在对形式感的追求中，制作者也考虑到科学地增强其牢固性。角牙有两个功能：一个是受力，也就是支撑其他构件；再一个就是装饰。一般的角牙多置于外看面，以增加装饰效果。而此处角牙必须置于里面，才能起支撑功能。此外，此角牙依然考虑到装饰效果，做法十分考究：一是用黄杨木俏色，二是圆雕螭龙纹。

图 7-13-3　黄花梨六方形香几的搭叶式外卷球足

（5）足部（图7-13-3）为搭叶式外卷球足，亦表明此几年代偏晚。

在此明式香几上，我们看到了太多的清式家具元素。明式家具与清式家具在这类家具上逐渐完成过渡。

此类丰肩、三弯腿的香几为闽作家具。

图7-13-1　黄花梨六方形香几托腮上的扯不断纹

图7-13　清早中期—清中期　黄花梨六方形香几

长62厘米，宽62厘米，高81厘米

（选自中国国家博物馆：《简约·华美：明清家具精粹》，中国社会科学出版社，2007）

4．黄花梨高束腰方香几

黄花梨高束腰方香几（图7-14）特点：

（1）边抹极宽，几面有拦水线。拦水线不仅是为拦水，也用以修饰宽大的边抹，有装饰作用。

（2）高束腰上，四腿榫头露明。矮柱间装绦环板，踩地起鼓开光，开光内浮雕卷珠纹。

（3）束腰下有肥大的台阶状高托腮。壶门牙板宽大外膨。

（4）弯曲度极大的三弯腿与牙板齐肩相交。腿肩处雕有变体螭龙纹，腿中部两侧锼出多重牙纹，形成复杂的壶门式曲线。

（5）由于三弯腿弯曲度极大，为防横木茬断裂，腿上端内侧有衬木相托（图7-14-1）。

（6）足上缀透雕的螭尾纹。足下垫球，托泥方正。

此几之高束腰、曲度极大的三弯腿、宽大的膨牙板、腿中部的多重牙纹、足上的卷草纹等特点，均表明其年代之晚和闽地地域特色。

此几用料豪奢，尤其是腿部，非大材不可为之。其形态与清中期漳州地区的红木大香几相近，只是后者雕饰更加繁复。

此类丰肩、腿部上下大弯的香几为闽作家具。

图7-14　清早中期　黄花梨高束腰方香几

长26厘米，宽26厘米，高48厘米

（选自朱家溍：《故宫博物院藏文物珍品大系·明清家具》，上海科学技术出版社，2002）

图7-14-1　黄花梨高束腰方香几腿上端内侧的衬木

5．鸡翅木牡丹纹香几

鸡翅木牡丹纹香几（图7-15）特点：

（1）面沿上下起线，两线间铲平地。面心为红豆杉木。

（2）高束腰中，装黄杨木绦环板，四面绦环板透雕图案不一，正面为莲叶鹭鸶螃蟹纹（图7-15-1）取"一甲传胪、一路连科"之意。其他各面分别雕喜鹊登梅纹（图7-15-2）、石榴金蝉纹、狮子绣球纹、牡丹纹，寓意丰富且吉祥。

（3）膨牙板宽大，上部光素，下部透雕，好似牙板与牙条，实为一木连做。下部透雕牡丹云龙纹，为透雕、高浮雕工艺的结合。牙板左右侧下端置透雕牡丹缠枝纹角牙。

（4）三弯腿肩部外膨，下部逐渐收细。

（5）足部巨大，透雕立体灵芝杏花纹（图7-15-3）。杏花为"及第花"，寄托着"学业有成""金榜题名"的期盼。

（6）足下有两层底板，上层为地平，四腿见方。攒框中，装可拆下的黄杨木心板。黄杨木心板上雕团寿字纹，中有万字纹（图7-15-4）。下层为须弥座，形如有束腰炕桌。

此香几整体厚重大气，威严奢华，是闽作清式家具的代表作之一。此香几为莆田仙游地区制作。

图7-15-3　鸡翅木牡丹纹香几足部的透雕立体灵芝杏花纹

图7-15-4　鸡翅木牡丹纹香几地平黄杨木心板上的团寿万字纹

图7-15-1　鸡翅木牡丹纹香几高束腰上的莲叶鹭鸶螃蟹纹

图7-15-2　鸡翅木牡丹纹香几高束腰上的喜鹊登梅纹

图7-15　清中晚期　鸡翅木牡丹纹香几
长86厘米，宽86厘米，高126厘米
（北京古兴堂藏）

6. 红木须弥座方香几（仿品）

红木须弥座方香几（图7-16）虽为现代仿品，亦有助于今人理解当年漳州地区香几的制作成就。其特点：

（1）形体巨大。面沿上下各起双线，线内大铲地。

（2）高束腰中装黄杨木绦环板，其上高浮雕开光中，透雕牡丹云凤纹及莲蓬纹、蚂蚱纹。莲蓬纹和蚂蚱纹均有多子之意。

（3）牙板外膨，宽大且厚重，透雕双首相向的拐子螭龙纹，面上可分多出个层次，起伏多姿。

（4）三弯腿肩部弯曲如球状，内侧衬角牙，增加支撑和装饰。

（5）腿由上而下渐细，至足部陡然变粗，足部肥大且雕花朵花叶纹。

（6）足下有两层底板，一层地平，四腿见方。最底端为须弥座，形如有束腰炕桌。

此香几整体厚重大气，威严奢华，磅礴张扬。

此香几原物为漳州地区制作，鸡翅木嵌黄杨木和乌木。限于资料难以获取，只得选用仿品图片。据仿家介绍，仿品束腰绦环板略有加高。

图7-16 红木须弥座方香几（现代仿品）
长56厘米，宽56厘米，高126厘米
（中山市区氏家具有限公司）

7. 鸡翅木螭龙纹香几

鸡翅木螭龙纹香几（图7-17）特点：

（1）几面心板为红豆杉木。

（2）高束腰上装楠木板，其上雕缠枝花卉纹。

（3）牙板外膨宽大，上部光素，下部透雕，好似牙板与牙条一木连做。其中间透光，嵌海棠形黄杨木透雕构件。四面透雕不同图案，表现出闽作大型案、桌、几的工艺特点。纹饰分别为喜鹊登梅纹、松鹤延年纹、博古纹、人物纹。牙板下部透雕变异螭龙纹，其下格肩攒牙头，牙头为拐子螭龙纹。

（4）三弯腿变异为两截状，上下段为直腿，中部内弯。

（5）足外撇，上雕变异的螭龙纹。

此香几为泉州制作。

图7-17 清中晚期 鸡翅木螭龙纹香几

长63厘米，宽60厘米，高96厘米

（北京古兴堂藏）

第八章

屏风类

屏风类大致分为插屏、落地座屏、围屏。

第一节　插屏式

插屏分为小型和中型两种，小型者一般又称为"砚屏"或"小插屏"。在福建发现的插屏、落地座屏遗物中，坐墩和站牙上未见抱鼓纹。所以，笔者认为闽作家具中没有雕抱鼓纹的作品。

1. 黄花梨螭龙纹插屏

黄花梨螭龙纹插屏（图8-1）特点：

（1）属于中型屏风，为屏风和底座可拆分的"两拿式"。

（2）屏风主体攒框装大理石板。

（3）底座上装两层绦环板，上下绦环板上均雕螭凤纹（图8-1-1），下层螭凤纹中间为变体寿字纹。

（4）披水牙子为壶门式，中间浮雕草芽纹。站牙为透雕变体螭尾纹造型。此式样屏风为闽地、苏地共有，以闽地制作为多。

图8-1　清早期　黄花梨螭龙纹插屏
长44.8厘米，宽22.2厘米，高72.8厘米
（中贸圣佳国际拍卖有限公司，2015年秋季）

图8-1-1　黄花梨螭龙纹插屏绦
环板上的螭凤纹

2．紫檀大理石板插屏

紫檀大理石板插屏（图8-2）特点：

（1）屏风和底座可拆分为上下两部分，为两拿式。

（2）屏心嵌大理石板，石纹如云似水，变幻灵动。

（3）屏座的绦环板上挖出开光，中心和两端透雕变体螭龙纹，已成玲珑
团状，上镌卷珠纹。纹饰间连以绳状直枨。

（4）披水牙子依然为玲珑的透雕形态，雕对称的变体螭龙纹，弱化了螭
龙头，强调婉转的螭龙身躯。

（5）站牙透雕变体螭龙纹。

（6）桥形墩子两面雕卷珠纹。

此式样屏风为闽地、苏地共有，以闽地制作为多。

明代崇祯年间《金瓶梅词话》版画插图（图8-3）上，可见左上角的条桌
上放着插屏。同书另一插图（图8-4）上，插屏置于账桌上，用以隔挡他
人视线。

图8-3　明崇祯 《金瓶梅词
话》插图上条桌子的插屏

（兰陵笑笑生：《金瓶梅词
话》，里仁书局）

图8-4　明崇祯 《金瓶梅词
话》插图上账桌上的插屏

（兰陵笑笑生：《金瓶梅词
话》，里仁书局）

图8-2　清中期　紫檀大理石板插屏
长57.5厘米，宽25.5厘米，高62.5厘米
（中国嘉德国际拍卖有限公司，2011年秋季）

451

3. 紫檀回纹插屏

紫檀回纹插屏（图8-5）特点：

（1）屏风和底座可拆分为上下两部分，为两拿式。

（2）底座双栻间置绦环板，其上透挖对称的鱼门洞，边起粗线，线外大铲地。双鱼门洞中间的面板边沿呈左右凹形曲线，这种凹形曲线常见于莆田仙游家具上。

（3）立柱上端、八字形披水牙板上均饰回纹，表明其年代偏晚。

（4）站牙形态为传统螭龙纹的简化体。

这件插屏又一次说明：在清中期，家具上普遍趋于繁复的装饰中，也存在简洁纹饰。清早期后，家具上纹饰的进一步演化，有两个方向：一是构件上的螭龙纹变化更为复杂，二是个别器物纹饰又走向简化。此黄花梨回纹插屏就体现了后者。它们的纹饰不论是繁是简，都呈现出演化与变迁。

此式样屏风为莆田仙游制作。

图8-5　清中期　紫檀回纹插屏
长63厘米，宽19厘米，高60厘米
（福建仙游古玩城艺术馆展出）

4．紫檀大理石小插屏

紫檀大理石小插屏（图8-6）特点：

（1）为上下可拆分式。

（2）屏风主体攒边框，框面内侧为混面，边上打洼。框中
装大理石板。

（3）两立柱侧面打洼。站牙较高，为罗锅枨式，用材方正
粗壮。年代符号明显。

（4）底座双枨间装绦环板，落堂起鼓。底枨下安八字形前
后分开的"披水牙板"。

（5）墩子为桥形，与上例插屏一样。

此插屏整体形态简洁，线条比上例更方正。

此式样屏风以莆田仙游制作为多。

图8-6 清中期 紫檀大理石小插屏
长53厘米，宽17.5厘米，高50厘米
（香港两依藏博物馆藏）

第二节 落地座屏式

明式家具中，落地屏风实物较少，极为珍贵。它们基本是大小（仔）框式，心板上纹饰形象生动活泼，整体构图充满节奏感。这类器物自然以有口岸之便、木材之便的闽地制作得多。制作者在制作座屏时，不惜工时，更不惜良材。与其说是重于展示屏心，不如说更在乎屏架和屏框，以此展示纹饰内容主题和表现装饰工艺效果。

1. 黄花梨子母螭龙纹座屏

黄花梨子母螭龙纹座屏（图8-7）特点：

（1）屏风和底座上下部可拆分，为两拿式。

（2）屏风为大框套小框形态。

（3）屏风边框和底座上，共有四层七块横向绦环板，其上均雕有大小不一的子母螭龙纹（图8-7-1），每块绦环板上螭龙条数不一，由上向下分别是一大一小、一大二小、一大三小。各条大螭龙奔走呼号，形象生动。屏风边框上，四块竖向绦环板雕花卉纹，其间有石榴纹（图8-7-2），榴开百子，为祈子之意。

（4）站牙上端雕螭龙纹、螭凤纹，为龙凤呈祥之意。石榴纹和龙凤呈祥纹饰的祈子、教子的寓意表明此屏为婚嫁家具。

（5）壶门式披水牙板下缘两端崎岖多牙，有钩云纹。

此类屏风出产于闽地。许多闽作家具并非像刻板印象中的那样喜欢满面雕工，在许多类别中，它们的雕刻比苏作家具更低调。但是，在座屏（还有围屏）上，闽作家具把雕刻工艺发挥得淋漓尽致。

图8-7-2 黄花梨子母螭龙纹座屏竖向绦环板上的石榴花卉纹

图8-7-1 黄花梨子母螭龙纹座屏底座绦环板上的大小螭龙纹

图8-7 清早期 黄花梨子母螭龙纹座屏

长114厘米，宽49厘米，高196.8厘米

（佳士得纽约有限公司，2004年9月）

2. 黄花梨子母螭龙纹大理石座屏

黄花梨子母螭龙纹大理石座屏（图8-8）特点：

（1）屏风和底座上下部可拆分，为两拿式。

（2）屏风上大框内套小框。底座上下两排攒框，均装绦环板，上雕子母螭龙纹（图8-8-1）。螭龙纹身尾雕刻曲线流畅，正反转换自然，犹如草蔓，难怪人们称螭龙之尾为"卷草纹"。个别小框内只雕单条螭龙纹，这样形成了视觉上的变化。如果每处都雕刻成组的子母螭龙纹，会使图案布局显得拘执、拥塞。穿插单条螭龙纹，则可以使整个构图更活跃丰富。

多块绦环板让图案格局设计达到极致。从框架格局规划、图案设计、雕刻水平和屏心用石等多个方面评判，此屏风都堪称各类座屏中的魁首。

（3）各部位透雕断面处理得精致入微，有如圆雕，是透雕之作的标杆。王世襄曾指出，这就是《清代匠作则例》所谓的"玲珑过桥"。

（4）屏风中心嵌大理石板，石上画面山势高拔，烟雾迷蒙，仿佛一幅水墨画，意境深邃。

（5）座墩为铁梨木。

清早期，大理石板用于大型硬木家具之上还是极其个别的现象。而遗留下来的实物又多是家具损坏后修配的。

此座屏大小框的做法也有出于实用的考虑，如果石板过大，占满大框，座屏上部会过重，头重脚轻，容易倾覆。同时，各种座屏也不都是装石板的，也会镶软木算子以装裱书画作品。

此座屏是明式家具中光彩熠熠的一款，体量巨大，雕饰夺目。它是当年古家具商人在福建泉州"铲地皮"发现的，应为旧时当地所制。作为黄花梨木料主要进口口岸和明式家具主要产地的漳州、泉州等地，从外省购入大件黄花梨家具成品的概率极小。当地古家具行家也认同此座屏为闽作家具。同时，在福建地区还发现了同式样的铁梨木大小框座屏，其上螭龙纹形象与此座屏基本一致。

明式家具由简至繁，从重实用到重观瞻，走过了一条有规律可循的道路。屏风化是其重要表现，这种屏风化推动了清式家具的到来。

图8-8-1　黄花梨子母螭龙纹大理石座屏小边框上的螭龙纹

图8-8　清早期　黄花梨子母螭龙纹大理石座屏

长181厘米，宽41厘米，高215厘米

（原美国加州中国古典家具博物馆藏）

3．黄花梨麒麟纹座屏

黄花梨麒麟纹座屏（图8-9）特点：

（1）屏风攒单框，不同以上数例大座屏之大小框形态。在福建也有单框座屏，如泉州地区。

（2）底座上四条横枨中，攒出三排小框，各框大小不一，形成变化。而且其上雕饰丰富多彩，上排有喜鹊登枝纹、仙鹤纹，中排中间突显麒麟纹（图8-9-1），下排雕灵芝纹、鹿纹。所有纹饰都有具体的寓意，非为泛泛的吉祥之意。

（3）站牙雕身尾过首的螭龙纹。

（4）墩子为桥式，双层上沿两端为委角。

图8-9　清早期　黄花梨麒麟纹座屏
长55.2厘米，宽36.8厘米，高99.7厘米
（苏富比纽约有限公司，1999年3月）

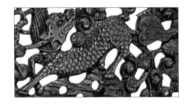

图8-9-1　黄花梨麒麟纹座屏底座上的麒麟纹

4. 黄花梨螭龙螭凤纹座屏

黄花梨螭龙螭凤纹座屏（图8-10）特点：

（1）屏风为单攒框式，不同于大小框式。框中有软木做的扇活，为井字棂格算子，在算子两面可以裱糊书画等物。

（2）底座置双帐，帐中绦环板开光中，透雕一对双首相向的尖嘴大螭凤纹，其下为一对小螭凤纹（图8-10-1）。

（3）立柱面光素，站牙为透雕螭龙纹（图8-10-2）。

（4）披水牙子下沿透雕拐子纹，其上浮雕方折化的卷珠纹，为闽作家具的符号。

（5）座墩为桥形，两端有委角勾足。侧面浮雕卷珠纹。

图8-10 清早期 黄花梨螭龙螭凤纹座屏
长58.7厘米，宽24厘米，高96厘米
（北京保利国际拍卖有限公司，2013年春季）

图8-10-1 黄花梨螭龙螭凤纹座屏底座上的大小螭凤纹

图8-10-2 黄花梨螭龙螭凤纹座屏的螭龙纹站牙

第三节　围屏式

围屏又称为"隔扇屏"，多为十二扇一组，偶有其他扇数的，也有隔扇门式的。多扇大围屏存世数量较多，大多数实物上透雕螭龙纹。

1．黄花梨螭龙纹大围屏

黄花梨螭龙纹大围屏（图8-11）特点：

（1）共十二扇。中间十扇每扇五抹四段，从上至下分别为眉板、屏心、

图8-11-1　黄花梨螭龙纹大围屏裙板上的螭龙纹

腰板、裙板，其上绦环板均雕螭龙纹（图8-11-1）。左右两扇上各有两块竖向绦环板，分别雕螭龙纹。

每块绦环板上均透雕子母螭龙纹，大小螭龙上下翻动，面面相对。大螭龙正首，小螭龙回身，个个大口长嘶，如呼似喊，面目表情交流意味明显。大多数黄花梨围屏眉板、裙板的纹饰为对称布局，而此围屏眉板、腰板和裙板的透雕为非对称纹饰，群龙形态呈流线状，动感强烈。

（2）足间亮脚，壶门牙板上饰左右对称的拐子纹。牙板两端为钩云纹。此式样屏风在闽作家具中有制作。

图8-11 清早期 黄花梨螭龙纹大围屏

长630厘米，宽3厘米，高292厘米

（浙江清风山房藏）

明清时期，庆祝寿辰时，官僚缙绅乃至一般富庶之家往往会请文人写寿序，这成为一种社会风气。寿序字面的意思为祝寿赠言文字。寿序的写法，主要是边叙述序主人生平、功德政绩，边颂扬其品德行为，抑或展开议论，结尾祝序主人福寿延绵。

明代归有光有"明文第一"之誉，明代嘉万年间，他创作了大量寿序，为寿序之集大成者。其《震川先生集》中，就收录有76篇寿序。归氏率先革新文体，极大地提升了寿序的文学品格与境界，使这种平民文学、通俗的应酬文体进入文章正宗之列，跻身于士大夫正统雅文学的殿堂。时人钱谦益言："寿序古人所无，先生为之，皆古文也。①"

同时期的王世贞，居刑部尚书高位，独领文坛二十年，在他的《弇州四部稿》《弇州山人续稿》中，也有寿序120篇。谢肇淛、陈继儒、李日华、黄宗羲等一干文坛大咖也创作了不少寿序。

明末到清初，寿序创作日渐兴盛。遗民群体在寿序中寄托易代之悲和故国之思，又借鉴其他文体的文法，使寿序品格得以提高。寿序的新变，也成为清初文学思想演变的重要表征。②

寿序的格局在明遗民的笔下豁然变得阔大，其感慨范围由乡曲琐事扩展至天下局势，其格调亦从歌功颂德演变为兴亡之思。在谋篇布局上亦完全模糊传统寿序的文体特征，或以论为主，隐没人物形象；或在叙事中反客为主、主宾错置，呈现出鲜明的改造文体的倾向。③

寿序篇幅随意，各类文辞皆可使用，囊括各种散文特点，从而取代了以往的各种祝寿文章形式而独领风骚。

清末吴曾祺《文体刍言》谓："（寿序）至明中叶以后，乃盛行于时，惟所语多谀词浮泛，故体稍卑。至能者为之，独能纬以议论，亦时有足称者。④"

寿序是接近人物传记的特殊文章，作者多为文采出众之士，有一定名望，往往是受邀写作。一般的序主人，往往没有什么突出的功名业绩、道德文章。所以，文章套路常常是写寿者的家人、亲朋，从侧面来表现寿者的品行风貌，突出他的个人修养和对后代的教育。这种文法也正是归有光的一大创新。清人王鸣盛于《钝翁类稿序》中云："七家之文，大抵取正面，震川则反面旁面侧面，如画家烘云托月之法。⑤"

寿序还往往由众人署名，如南通名士朱铭山以善举闻名四方。1947年，值其七十寿辰，由章士钊撰、沈尹默书写了《南通朱铭山先生暨德配袁夫人七十寿序》（十条屏），几百位民国政商学界精英领袖悉数署名来贺。

当然，寿序更多是作为一种"乡曲应酬"之作，序主人一般是缙绅士大夫和官贵阶层。其内容多为赞美主人读书、修身、行善、教于家、德闻乡里。因为寿序是配合喜庆场合而写，加上纯粹是应酬文体，少不了颂扬或祝贺的言词。"寿序谀词，自前明归震川始入文稿。然每观近今名人集中偶载一二，亦罕有不溢美者。⑥"不可否认，普通寿序多为应酬之文，言辞虚美者极多。此类实例繁多如云，不胜枚举。

寿序蓬勃而出，这背后是明中期以后商品经济繁荣、奢靡风尚的勃兴。⑦直接原因是当时享乐主义的盛行、祝寿风气的高涨。

明清"俗尚奢靡"的重点表现之一是祝寿活动的浮侈。明中叶后，"凡寿之礼，其馈赠燕沃必丰"。全国各地"其俗皆然"。庆寿仪式"凡曰亲友，又相率而往，为之助喜，以仪物为未足，则于作者之文词以重之。⑧"以请人撰写寿序"以铺张其盛美"。

风云际会，厥有新史。清早期，明式家具文化与寿序文化融合，撞出寿序屏风这种家具形式。为了突显寿序的光彩，铺张寿礼的隆重，各类雕刻纹饰的木质多扇围屏、落地屏出现了，成为寿序的雍容华贵物质载体，巨

① （明）钱谦益：《震川先生文集序》，载（明）归有光《震川先生集》，上海古籍出版社，2007。
② 代亮：《清初遗民寿序的新变及其意义》，《苏州大学学报（哲学社会科学版）》2016年第4期。
③ 朱泽宝：《论明清鼎革与寿序文演变的新趋势》，《文学研究》2018年第2期。
④ 吴曾祺：《涵芬楼文谈》，上海商务印书馆，1913。
⑤ （明）钱谦益：《震川先生文集序》，载（明）归有光《震川先生集》，上海古籍出版社，2007。
⑥ （清）陈康祺：《郎潜纪闻初笔二笔三笔》卷七，中华书局，1984。
⑦ 详见张辉：《一条王世襄援引的家具史料的多重意义再发掘》，雅昌艺术网《张辉专栏》，https://news.artron.net/20141112/n675613.html。
⑧ （明）罗钦顺：《整菴存稿》，载文渊阁《四库全书》一二六一册卷七，国学大师。

户大室纷纷使用。

多扇围屏（或含落地屏）的屏心设计为寿序文字预留空间。寿序文字或绢地书写，或嵌大漆板描金镌刻。

富贵之家在举行庆寿礼仪时，收到寿序是一件十分体面光彩的事。更以屏风形式祝贺寿庆，供典礼嘉宾瞻仰品评，可谓锦上添花。至清中期、清晚期、民国，多扇围屏延绵不断，成为明式家具、清式家具中重要的一类。

围屏扇的原型来源于传统建筑中的格扇。格扇即上部有棂格以供采光的木门。

宋代李诫在《营造法式》中称之为"格子门"。三抹隔扇多见于宋代。其竖门框叫"边梃"，横门框称"抹头"。木框之内主要分为上下两部分。明清称之为"格扇"。宫殿、坛庙等大体量建筑的隔扇多用六抹、五抹两种。多抹的造法是为了坚固，也可显示建筑的威严高贵。四抹隔扇多见于一般体量较小的建筑。清代，内檐的隔扇又称"碧纱橱"。

隔扇是门文化发展中的革命性飞跃，一是提高了建筑的采光与通风，它是门又是窗；二是格心上可任意采用愉悦心目的形式和装饰，丰富了建筑的外檐和内檐装饰；三是可以摘卸，方便运输、修理。

隔扇最复杂者为六抹五段，即上中下三块绦环板与隔心、裙板。显然，在围屏扇形成中，去掉了六抹五段隔扇最下面的抹头和绦环板，增加了牙条牙头，成为亮脚式。同时，加长隔心，内加软木箅子，以装裱书画。遂有围屏扇。况且，它多由十二片相连，气势空前。

在明代，还盛行幛词和寿幛。富豪之家举行庆祝寿秩活动时，亲朋好友要赠送贺幛以示祝贺，贺幛往往要配上一篇语言华美的祝词，即为幛词。幛词成为明代士大夫常用的一种交际应酬文体。严格的幛词文体固定，为两部分，亦文亦词。前为四六骈体文，叙事议论；后面作词一首，主于抒情。

寿幛通常是用整幅的绸布或大幅布帛，上面绣着幛词和吉祥纹样。一般大小如中堂，多为金色或红色。它也被称作"礼幛"。

明清时期，寿幛有三种形式：一是图像幛，用多色丝线绣出寿星，或福禄寿三星，或麻姑图，或龙凤纹，或其他吉祥图像。二是文字幛，行文详尽者，洋洋洒洒。其

幛首题有"某某功名官职、人名、年龄荣寿之庆"等文字。正文表述主人的品德修养、成就作为，或有词一首。幛尾题有题颂者名字。晚清以后，多见用字简短者，仅一个"寿"字，或"寿比南山""人寿年丰""乃福乃寿"等四字吉祥语。三是文字居中、四周刺绣图案图像式。

大致在清早期，寿幛也发展为寿屏。尽管有寿幛和幛词存在，但寿序与围屏的格心在空间上是合槽对卯的，可以认定，围屏是为寿序而产生制作的。

围屏有各种材质，遗存极多，但绝大部分屏心（隔心、格心）上已经透空，或仅存软木箅子，后人覆黄绸以补缺漏。

2016年春季，中贸圣佳国际拍卖有限公司拍卖的鸡翅木螭龙纹大围屏（图8-12），中间十扇屏风上，屏心装髹红漆木板，断纹满面，填金文字为寿序。正文结束语为"是为序"。左右端两扇屏风上，为填金工艺的对联文字。

2017年秋季，北京保利国际拍卖有限公司拍卖的黄花梨百宝嵌围屏（图8-14）屏心上，正面为金笺墨题寿序，正文结束语为"是为序"。背面为水墨八仙人物图。以上两个围屏上的正文结束语均为"是为序"，为寿序题材用语。而非前面四六骈体文、后面作词的幛词。实物表明了围屏与寿序的关系。

莆田仙游、泉州民间习俗：男女年上50岁，才称得上"福"，才能做寿。以后十年为一"秩"，其余则为小寿。小寿为自家人相祝。整旬寿日，可以举行大型的庆寿活动，俗称"做大生日"，较为隆重。

所谓逢十做寿，叫"做十"，但并非真正逢整十，一般逢"九"做"十"，"大生日"一次。如49岁做"五秩"大寿，59岁做"六秩"大寿，69岁做"七秩"大寿。"九"在十个数字中数值最大，有"长久"之意。全国各地风俗大致如此。

男寿称"椿寿"，女寿称"萱寿"。如果夫妇同年，以男者生日为准，一同庆寿，称"庆双寿"。

60岁以上称为"开七秩"。唐人白居易有诗："年开第七秩，屈指几多人？"当时，诗人才62岁。依次而序，70岁以上称"开八秩"。故白居易有诗句："行开第八秩，可谓尽天年。"

2. 鸡翅木螭龙纹大围屏

鸡翅木螭龙纹大围屏（图8-12）特点：

（1）共十二扇。中间十扇屏风，共五抹四段。左右两扇的四块竖绦环板上，各雕三只螭龙纹，四周雕饰扯不断纹。

（2）各扇的四框，横抹均两边起线，中间铲平，益显线脚之高挺，为闽作特征。

（3）各眉板中间雕上尖下方的寿字纹，两旁各雕大小螭龙纹（图8-12-1）。腰板中间为海棠形开光，其上浮雕花瓶、香炉及乐器等纹饰，取太平之意。左右各透雕两只螭龙纹，两首相向。

裙板上的透雕最为生动，成为屏风上螭龙纹雕刻的经典。中间为团寿纹，两侧以其为中轴线，各对称透雕七条螭龙纹（图8-12-2）。螭龙或正面，或回首，身尾均呈大三弯形，尾端分

图8-12-1　鸡翅木螭龙纹大围屏眉板上的寿字纹和螭龙纹

图8-12-2　鸡翅木螭龙纹大围屏
裙板上的团寿纹和螭龙纹

叉圆润。透雕一阴一阳，充满流动感，呈现完美的虚实变化和对比。其龙头隆起，大嘴怒张，如嘶如吼，圆眼点睛，唇上勾边线，刻画细致入微。长鬣如烈焰燃烧，上刻短线，卷珠状和直线交替，一条长阴线随身躯而行。此螭龙纹较清早期螭龙纹更工整而华丽，带有"乾隆工"风格。

（4）两足极高，其间牙板为壸门式，两端为钩云纹。

（5）屏心装裱红漆木板，大漆描金，文字为寿序，祝寿者为福建全省学政、内阁学士孙贻经。红漆木板虽断纹满面，但填金文字表明其晚于屏风木框。

传统围屏制作后，后人常常为新用途而多次更换屏心。在其他的屏风上，发现过几代人不断包裹的几层绢质屏心，上有书法和绘画。

此式样围屏在闽作家具中多有制作。

图8-12　清中期　鸡翅木螭龙纹大围屏
（单扇）长56厘米，宽3厘米，高339厘米
（中贸圣佳国际拍卖有限公司，2016年春季）

465

3. 鸡翅木十二扇大围屏

鸡翅木十二扇大围屏（图8-13）特点：

（1）共十二扇，中间十扇为五抹四段。

（2）各扇第一段眉板中雕变体福字纹，两侧为子母螭龙纹。

（3）其第二段屏心扇活中，分别攒成长方形、海棠形、委角长方形、圆形
等形状的开光，上裱绢布，有描金祝寿祝词和人物画。

（4）其第三段腰板透雕麒麟纹和大小螭龙螭凤纹。

（5）其第四段裙板上，上方透雕寿字纹，下方为一对螭龙纹（图8-13-1）。
并以此为中轴线，两侧又各雕四条大小雕龙纹。

（6）足极高，其间牙板为壶门式，两端为钩云纹，面上浮雕螭龙纹。
此式样围屏在闽作家具中多有制作。

图8-13-1　鸡翅木十二扇大
围屏裙板上的寿字纹和螭龙纹

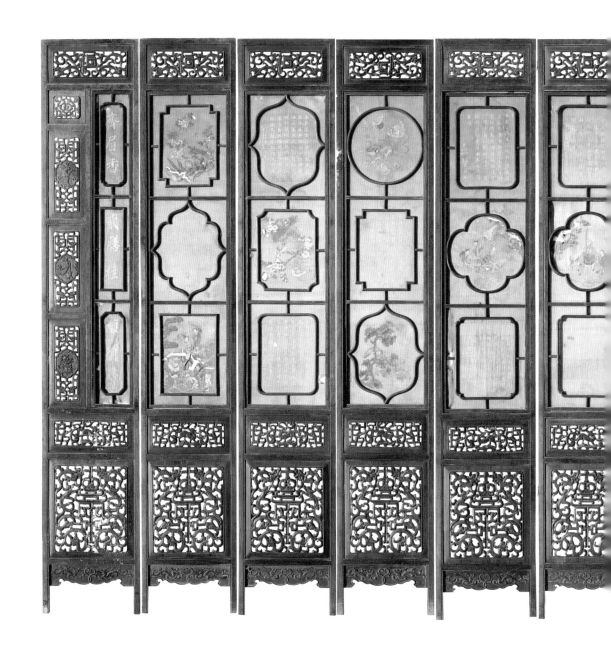

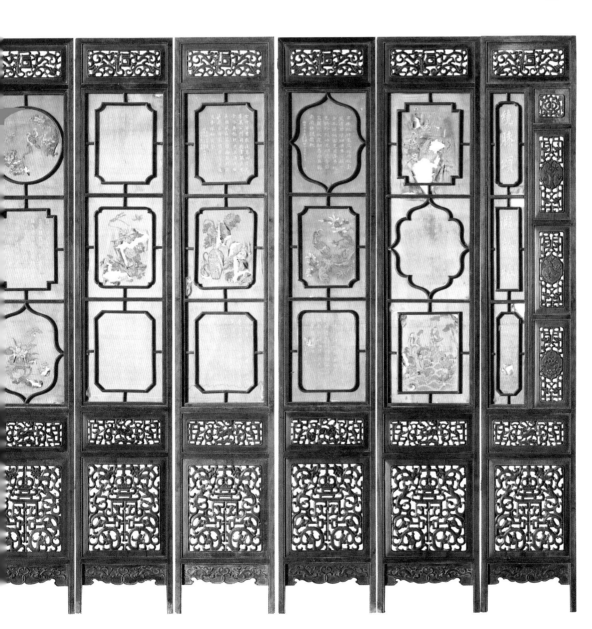

图8-13 清中期 鸡翅木十二扇大围屏
（单扇）长45厘米，宽3厘米，高300厘米
（西泠印社拍卖有限公司，2016年秋季）

4. 黄花梨百宝嵌围屏

黄花梨百宝嵌围屏（图8-14、图8-14-1）特点：

（1）共十二扇。中间十扇每扇各五抹四段，从上至下分别为眉板、屏心、腰板、裙板。

（2）屏心一面为水墨八仙人物图，另一面为金笺墨题的寿序。此类书法、绘画可能是与围屏同期制作的，但也可能是晚于围屏制作，后补入屏心的。因绢纸被破坏后，后人常常另裱新的绢纸。

（3）正面腰板上，均透雕螭龙纹，形态严重草叶化。螭龙纹中间为海棠形开光，上有百宝嵌，图案为罗汉像。屏风背面腰板开光上为百宝嵌博古图。

（4）左右最外侧的两扇屏风的三块竖向绦环板上，螭龙纹身尾方折化，为拐子螭龙纹，中间开光中亦饰百宝嵌。

绦环板上，实地开光中嵌博古图、人物像，这种形态已不属清早期。

尽管早期闽作家具中少见典型的百宝嵌作品，但是，清中期以后，包括寿山石在内的百宝嵌在围屏上出现了。近水楼台先得月，寿山石因出自福建而多出现于闽作家具上。

此式样围屏在闽作家具中多有制作。

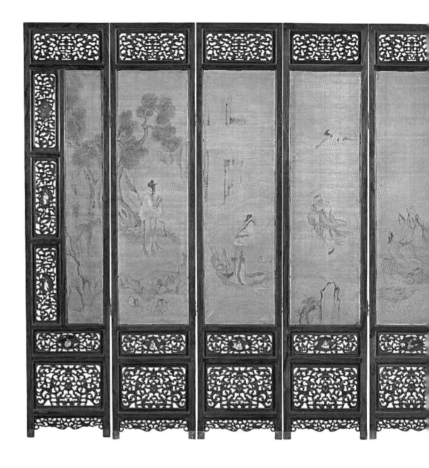

468

图8-14 清中期 黄花梨百宝嵌围屏
（单扇）长43.8厘米，宽3厘米，高175厘米
（北京保利国际拍卖有限公司，2017年秋季）

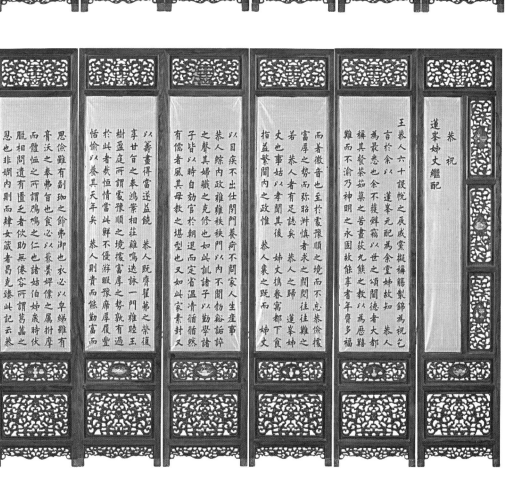

图8-14-1 黄花梨百宝嵌围屏（背面）

469

5. 黄花梨螭龙纹隔扇门

黄花梨螭龙纹隔扇门（图8-15）特点：

（1）以隔扇为门。屏心为圆材攒接套方纹。

（2）每扇为五抹四段。眉板上变体壶门式开光中，浮雕相对的变体螭尾纹。

（3）腰板上浮雕左右对称的拐子螭龙纹。

（4）裙板上，拐子螭龙纹构图充满整个裙板的长方形空间，发挥了拐子螭龙纹可方可圆的适应性。

隔扇门背面（图8-15-1）眉板、腰板、裙板上雕与正面不同的图案。这些纹样无不表明此围屏年代之晚。而其多个横枨上的梯形格肩榫也从另一个侧面说明了这一点。

隔扇门是建筑上的门，足间一般连以落地枨。由于此器屏心装有讲究的套方纹扇活，而非一般软木算子、木骨（用于糊纸和织物），尽管足间为亮脚，仍可以认定为用于户内的隔扇。

图8-15　清早中期　黄花梨螭龙纹隔扇门
长160厘米，宽3厘米，高221厘米
（中国嘉德国际拍卖有限公司，2012年秋季）

图8-15-1　黄花梨螭龙纹隔扇门（背面）

第九章
架　类

架类主要包括镜架、镜台、火盆架、衣架、洗脸盆架、灯架、天平架。

第一节　镜架镜箱式

闽作镜架、镜箱大致可以分为三型：折叠镜架型、折叠镜箱型、官皮箱镜台型。其完全光素的遗物极罕见，绝大部分都有雕饰，毫无例外全部为清早期及其后年代制作的。

出乎人们预想的是，在福建地区几乎没有发现屏风（宝座）镜台，也就是说闽作家具中没有屏风（宝座）镜台。其实，这让人想到一个宏观现象的概括，闽作明式家具反倒不像苏作明式家具有那么多的雕饰，那么花团锦簇。

一、折叠镜架型

折叠镜架又称拍子式镜架，攒接框架，可支起使用，又可折叠收贮，应为最简洁的支撑铜镜用具。其搭脑出头，或雕螭龙头纹，或雕灵芝纹等。

折叠式镜架出现最早。明嘉靖年间，严嵩家的查抄清单《天水冰山录》中记有若干"花梨"镜架，如"牙盖花梨镜架一个""牙镶花梨木镜架一个"等。这表明在嘉靖年间，黄花梨镜架已经有一定的使用量。它在明清各个时期均有制作，但早期实物至今不曾见到，遗存只可见清早期及其后作品。

1. 黄花梨螭龙头纹镜架

黄花梨螭龙头纹镜架（图9-1）特点：

（1）托板用时可支起以承铜镜，不用时可放平，便于携带和收纳放置。

（2）托板攒接成框，大框中共有九个小框，正中方框中，上有一块绦环板，开卯眼以纳支架榫头。下有亮脚，与绦环板上的透光呼应。此类镜架托板中心都是空透的，以便系在镜钮后面上的丝绦由此垂到托板后面。托板底框中间凸出，作为底托，以承铜镜。

（3）托板与支架下端皆两边出头，可纳入底座臼窝，能旋转支起托板和支架或平放于底座之内。

（4）搭脑两端出头，雕含球回首的螭龙头纹（图9-1-1）。

此式样镜架在闽作家具、苏作家具中均有制作。

图9-1-1　黄花梨螭龙头纹镜架
搭脑出头上的螭龙纹

图9-1　清早期　黄花梨螭龙头纹镜架

长44.5厘米，宽37厘米，高39厘米

（香港两依藏博物馆藏）

2. 黄花梨灵芝梅花纹镜架

黄花梨灵芝梅花纹镜架（图9-2）特点：

（1）托板攒框而成，分为三层七格：第一层雕四叶花纹，此纹多见于硬木家具、柴木家具上，寓意尚不可遽读。第二层中格为优美的海棠形圈口，其左右两格雕梅花纹，是喜鹊登梅纹的简化。第三层中间一格上安可移动的荷叶纹托子，以托铜镜，左右两格雕灵芝纹（图9-2-1）。

（2）搭脑左右出头上雕回首的螭龙头纹。

此镜架呈现了一个纹饰系列：梅花纹、螭龙纹、灵芝纹。它们是一套家庭观念的表达：喜上眉梢、苍龙教子、女性象征。

在所见的折叠式镜架中，此架为最优美者之一。

此式样镜架在闽作家具、苏作家具中均有制作。

图9-2-1　黄花梨灵芝梅花纹镜架上的灵芝纹

图9-2　清早期　黄花梨灵芝梅花纹镜架
长44厘米，宽42厘米，高38厘米
（选自吕章申：《大美木艺：中国明清家具珍品》，北京时代华文书局，2014）

二、折叠镜箱型

1．黄花梨镜箱

黄花梨镜箱（图9-3）特点：

（1）与上例黄花梨灵芝梅花纹镜架（图9-2）相比，此器增加了箱盖。

（2）箱盖掀开后，可以支起铜镜托板。托板攒框，共分三层五格，四周各格绦环板上雕梅花纹、螭尾纹等纹饰。中层中间空格四角安角牙，组成菱形纹。这种菱形在闽作家具上常见。底框中间置荷叶形托子，以托铜镜。

（3）托板下为箱式台座。台座上有一大两小三个抽屉，抽屉脸上浮雕花纹。

（4）腿为三弯形，上部平直，下部三弯，腿足造型如平底方头靴子。

此式样镜箱见于闽作家具之中。

图9-3 清早中期 黄花梨镜箱
长34.8厘米，宽34.8厘米，高20.8厘米（放平托板）
（选自叶承耀：《禅椅琴凳：攻玉山房藏明式黄花梨家具Ⅱ》，香港中文大学文物馆）

三、官皮箱镜台型

1. 黄花梨官皮箱镜台

黄花梨官皮箱镜台（图9-4）特点：

（1）为官皮箱造型。打开箱盖，可支起托板。

（2）托板分三层七格，中格内四角置角牙，组成菱形花纹。四周各格绦环板上分别雕梅花纹（图9-4-1）、灵芝纹（图9-4-2）等纹饰，它们一次又一次地组合，表达着当时人们共同认同的文化观念。

此式样镜台在闽作家具、苏作家具中均有制作。

图9-4-1 黄花梨官皮箱镜台上的梅花纹

图9-4-2 黄花梨官皮箱镜台上的灵芝纹

图9-4 清早期 黄花梨官皮箱镜台
长28.6厘米，宽24.6厘米，高32.8厘米（放平箱盖）
（北京保利国际拍卖有限公司，2011年春季）

2．龙眼木镜箱

龙眼木镜箱（图9-5）特点：

（1）玻璃镜框架可支起可放平。其面上有圈口，四角交接处挖出双牙云纹。这种纹饰在闽作家具上常见。牙条下沿带罗锅枨曲线。

（2）镜架外框面沿起粗线，地子铲平。

（3）三弯腿粗壮，足转弯处生硬，马蹄足造型如方尖头靴子。

（4）有罗锅枨式方托泥。

（5）柜门下为一个方桌式样的底座，面板由独板制作。高束腰上挖炮仗洞，起线粗且高。膨牙板中段窄，两端宽。

此镜箱为莆田仙游地区的梳妆用品，亦为主要嫁奁用具。

在闽作家具中，基本未见黄花梨屏风镜台，但此类镜架流行于清末民初。

图9-5　清末民初　龙眼木镜箱
长23.2厘米，宽23.2厘米，高25.4厘米
（选自安思远：《洪氏所藏木器百图》，2005）

第二节　火盆架式

1. 黄花梨五足火盆架

黄花梨五足火盆架（图9-6）特点：

（1）为圆形五足式。架面上嵌有五个支撑铜火盆的铜支钉，用以隔热，防止烧坏木架。实物中，有的火盆架上的铜钉丢失，但遗痕尚存，仍可证其为火盆架。

（2）架面下罗锅枨两端为双卷相抵纹。五腿间以风车纹加固。

（3）腿中部有圆环形横枨。其下罗锅枨两端亦为双卷相抵。

上下罗锅枨和双卷相抵纹的重复使用，形成节奏感，产生独特的设计效果。

火盆架有高低之分，高者一般在凳子高度以上。此架为高者。

此式样盆架在闽作家具中有制作。

图9-6　清早中期　黄花梨五足火盆架

长48厘米，宽48厘米，高61厘米

（选自叶承耀：《楮檀室梦旅：攻玉山房藏明式黄花梨家具》，香港中文大学文物馆）

第三节　衣架式

衣架为卧室家具，且多作婚嫁用器，多呈斑斓绚烂、瑰丽奢华之态。在其工艺发展中，攒接、斗簇、雕刻三者相互影响与组合，往往一器之上，三种工艺并存。

1. 黄花梨灵芝纹衣架

黄花梨灵芝纹衣架（图9-7）特点：

（1）整体形态分为上中下三段。

（2）上段的搭脑出头，为多组变异灵芝纹组合（图9-7-1）。搭脑下立柱左右有弯曲的圆杆状角牙，此种纹饰在明式家具的年代序列中极晚。

（3）中段的中牌子上，攒接由来已久的风车纹。其下置牙板，牙板两端雕变体灵芝纹。此牙板使中牌子增加了层次感，显得更加丰满。

（4）下段有双层横枨，中间分别攒成左、中、右三框。其中，装板上挖海棠形鱼洞门，两端镂云头纹透光。其下又置直牙板和回勾形牙头。同样，此牙板使衣架下段增加了层次感。

此衣架上有多个改良形态符号，昭示其年份较晚。

此式样衣架闽苏两地共有，以闽地为多。

图9-7-1　黄花梨灵芝纹衣架搭脑出头上的变异灵芝纹

图9-7　清中期　黄花梨灵芝纹衣架

长141.5厘米，宽33.5厘米，高162厘米

（选自叶承耀：《楮檀室梦旅：攻玉山房藏明式黄花梨家具》香港中文大学文物馆）

2. 黄花梨带鞋插衣架

黄花梨带鞋插衣架（图9-8）特点：

（1）搭脑整体为一木制成，两端出头处微微向上弯转，而出头的大部分与搭脑平行。搭脑未见雕饰，但变化巨大。实际上，搭脑是罗锅枨的反向使用，是年代偏晚的表现。

（2）中横枨两端下部设弯曲的圆杆式角牙，更是年代偏晚的标志。这件器物的社会评价自然很高，为至简之作。但笔者依然认为，它是明式家具"第二条发展轨迹"上的作品，看似古远，实则有较多演变细节。

（3）从其侧面（图9-8-1）看，站牙形态也是偏晚的线条式样。

（4）腿间置六根竖向鞋插。

此式样衣架闽苏两地共有。

图9-8-1　黄花梨带鞋插衣架侧面

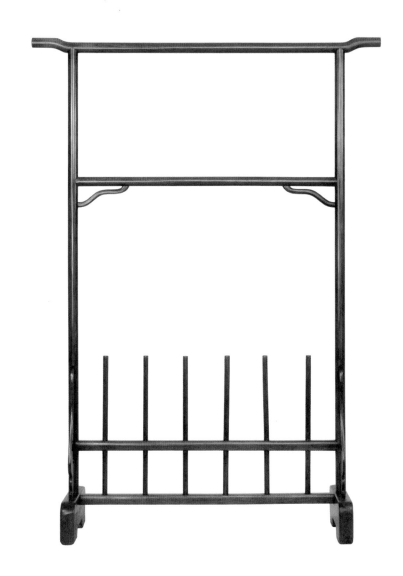

图9-8　清早中期　黄花梨带鞋插衣架
长121厘米，宽36厘米，高168厘米
（几瑟匹·艾斯肯纳斯旧藏）

第四节　洗脸盆式

1．黄花梨狮子纹矮脸盆架

黄花梨狮子纹矮脸盆架（图9-9）特点：

（1）六条腿柱头各雕蹲式狮子纹（图9-9-1）。这是清早中期及之后出现在黄花梨家具上的新纹饰，在以往的器物上不曾使用。太师为古之高官，狮与"师"同音，寓意高官厚禄。

（2）六腿可以横向折叠。

蹲式狮子形象在唐代已定型，见于石雕上，之后一直沿用。黄花梨家具在明式家具末期才吸收此纹饰。笔者认为，以具有某种纹饰的其他工艺品为有同样纹饰的明式家具断代是不可行的。如以唐代蹲式石狮子纹推断黄花梨狮子纹家具的年代，自然是行不通的。所以，研究明式家具上某个纹饰的年代，要观察它在何时吸收了其他工艺品上早已存在的同式样纹饰，而不能简单地由其他工艺品的纹饰出现的年代推断黄花梨家具的年代。

这个原则也就否定了不同工艺品之间年代断代横向类比的方法。进一步，这个原则也表明柴木家具与硬木家具间不可以简单地进行横向年代类比。例如，不可以见到出土的明万历年间家具上和明万历年间图书插图上有灵芝纹，就认为有灵芝纹的黄花梨家具就是明万历年间的。

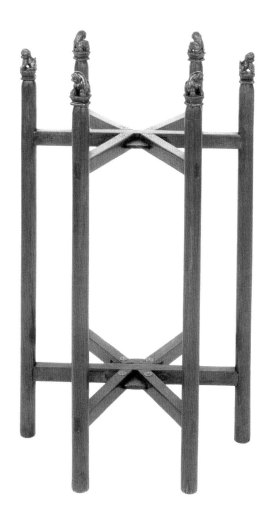

图9-9　清早中期　黄花梨狮子纹矮脸盆架
长42.5厘米，宽38.1厘米，高70.6厘米
（选自侣明室：《永恒的明式家具》，紫禁城出版社，2006）

图9-9-1　黄花梨狮子纹
矮脸盆架上的蹲式狮子纹

第五节 灯架式

1. 黄花梨螭龙寿字纹灯架

黄花梨螭龙寿字纹灯架（图9-10）特点：

（1）架子上框为罗锅枨式，下有直枨，各自开孔。有束腰状的活塞木条起调节松紧作用，以便灯柱上下活动，调节后再加以固定。

（2）底部有三层绦环板。第一层上透雕双首相向的螭龙纹，中间为火珠纹。第二层宽大一些，透雕一对团形螭龙纹，中间为变体寿字纹，状如香炉。第三层板上透挖双云鱼洞门。

（3）披水牙子为壶门式，两端为钩云纹，曲线婉转。

（4）站牙为透雕螭龙纹。墩子厚重，为桥状。

此式样灯架在闽作家具、苏作家具中均有制作。

图9-10 清早中期 黄花梨螭龙寿字纹灯架

长25.4厘米，宽30.5厘米，高145.4厘米

（佳士得纽约有限公司，1996年9月）

第六节 天平架式

1. 黄花梨螭龙纹天平架

黄花梨螭龙纹天平架（图9-11）特点：

（1）搭脑为罗锅枨式。左右立柱间置罗锅枨，中间挂吊钩天平。

（2）立柱下柜体为板状墙体，这种独板墙体而非装心板的结构多见于闽作家具，典型的器物是鸡翅木承盘（图11-10）。

（3）双抽屉上为独板面。站牙为宝瓶形。

此式样天平架在闽作家具、苏作家具中均有制作。闽作家具中还有铁梨木等材质制作的同款天平架。

图9-11　清早中期　黄花梨螭龙纹天平架
长60.3厘米，宽21厘米，高75.5厘米
（香港两依藏博物馆藏）

2．黄花梨螭龙纹角牙天平架

黄花梨螭龙纹角牙天平架（图9-12）特点：

（1）搭脑为罗锅枨式，拐弯处较生硬。横竖材交接的拐角方正。

（2）立柱间置罗锅枨。枨下两端为螭龙纹角牙。

（3）立柱下柜体为板状墙体。柜体上有双层抽屉，其上为独板面。

（4）站牙为透雕螭龙纹。

此式样天平架在闽作家具、苏作家具中均有制作。

图9-12　清早期　黄花梨螭龙纹角牙天平架
长62.4厘米，宽22.5厘米，高74.9厘米
（中国嘉德国际拍卖有限公司，2014年秋季）

第十章

箱　类

箱类主要包括官皮箱、提盒和多抽屉箱（药箱）。

第一节 官皮箱式

官皮箱有平顶、盝顶两种。由于它在当时使用量较大，为常规日用家具，与提盒一样，大多数制品为光素的。尽管如此，其各自细部的小符号往往有时代的烙印。

1. 黄花梨喜鹊登梅纹官皮箱

黄花梨喜鹊登梅纹官皮箱（图10-1）特点：

（1）双门透雕喜鹊登梅纹，透雕工艺在官皮箱上极少见。双门上纹饰布局饱满，梅花丛中，喜鹊一起一落。花朵、树叶正侧交错，充满动感。

（2）大多数官皮箱上屉的镜架现已遗失，此箱的镜架（图10-1-1）尚在，原件完好如初，直观表明了官皮箱作为梳妆用具的功用。

（3）镜架托板四边攒为方框，内有八个小框，中间方格里置四合如意纹角牙，其下为元宝形铜镜托子。

（4）底座面板上雕拐子纹，表明其年代。

此式样官皮箱于闽地、广地多有制作。

图10-1 清早中期 黄花梨喜鹊登梅纹官皮箱

长31厘米，宽27厘米，高30厘米

（广东伍炳亮黄花梨艺术博物馆藏）

图10-1-1 黄花梨喜鹊登梅纹官皮箱支起的镜架

家有婚庆喜事,绘制喜鹊志喜是中国人约定俗成的习惯。流传最广的纹饰图案是喜鹊登梅之报喜图,以"梅"谐"眉"音,又叫"喜上眉梢"。而一只獾和一只喜鹊在树上树下对望的纹饰,又叫"欢天喜地",以"獾"谐"欢"音。还有画喜鹊仰望太阳的纹饰,称为"日日见喜"。这些都是庆喜风俗中最直观、最常用的纹饰,也是我国谐音取意文化中突出的代表。

在一些明式家具上,喜鹊登梅纹有时是主要纹饰,有时又是辅助纹饰。喜鹊登梅纹作为主要纹饰,在各类家具中都可见到,在官皮箱、镜台上尤为多见。黄花梨喜鹊登梅纹官皮箱就是实例,其上程式化的喜鹊登梅纹被雕刻得尤为生动,堪称极致。官皮箱的双门上梅花烂漫,成对的喜鹊翩跹飞舞,这是喜鹊登梅纹内容与形式完美结合的范例。

2. 黄花梨盝顶官皮箱

黄花梨盝顶官皮箱（图10-2）特点：

（1）为盝顶式样。盝顶为中国古代建筑的一种屋顶样式，四角由斜向上的正脊围成平顶。明式家具借用其名，将由四个正脊围成为平顶的官皮箱称为盝顶官皮箱，也俗"称尖顶官皮箱""馒头顶官皮箱"。盝顶官皮箱存世量远少于平顶官皮箱。其制作更费工，在审美上、市场评估上，它的价值高于平顶官皮箱。

图10-2-1 黄花梨盝顶官皮箱打开箱盖状

图10-2 清早中期 黄花梨盝顶官皮箱

长32厘米，宽24.5厘米，高33厘米

（广东留余斋藏）

（2）箱盖侧面与箱子侧墙附以铜链。打开箱盖（图10-2-1）时，铜链起牵拉作用，防止箱盖后翻角度过大而损伤合页。

（3）仅以吊牌形态看，其年代偏晚，但也不排除经过后配。吊牌形态是判定官皮箱制作年代的重要线索，但它又往往在使用中受到损伤，被后人换成新式的。

此式样官皮箱在闽作家具、苏作家具中多有制作。

明代小说刻本插图中，有大量的官皮箱形象，如明万历年间小说《状元图考》（图10-3）、《玉露音》（图10-4）的版画插图中的官皮箱，它们都存在于女性化妆的场景中。

图10-3　明万历　顾鼎臣、顾祖训撰
崇祯吴承恩、黄文德增修 《状元图考》
版画插图中的官皮箱
（台北故宫博物院：《明代版画丛刊》）

图10-4　明万历　《玉露音》插图中的官皮箱
（台北故宫博物院：《明代版画丛刊》）

第二节　提梁盒式

提梁盒又称为提盒。宋代、明代的漆作提盒，两层、三层、四层分别叫作两撞、三撞、四撞，明式提盒也继承了这个叫法。

1. 黄花梨宝瓶式站牙提盒

黄花梨宝瓶式站牙提盒（图10-5）特点：

（1）周身光素，盒体为两撞。

（2）溜肩宝瓶形站牙，边饰宽皮条线。

提盒为案上小盒，属妆奁用具。明崇祯聚锦堂刻本《金瓶梅词话》版画插图上的提盒（图10-6）、明崇祯聚锦堂刻本《西湖二集》版画插图（图10-7）上的提盒，均与铜镜和镜架相组合，表明提盒为梳妆台上之物。清乾隆年间《乾隆帝妃古装像》（图10-8）中，画的主人为乾隆妃子，正在对镜梳妆，镜子旁为提盒，表明其为梳妆盒。

明代刻本版画插图中有杠箱形象，一些明式家具著录在引用时将其解读为提盒。其实杠箱远大于提盒，两者不可混为一谈。

此式样提盒多见于莆田地区。

图10-6　明崇祯　聚锦堂刻本《金瓶梅词话》版画插图中的提盒

（兰陵笑笑生：《金瓶梅词话》，里仁书局）

图10-7　明崇祯　聚锦堂刻本《西湖二集》版画插图中的提盒

（首都图书馆：《古本小说版画图录》，线装书局）

图10-5　明末清初　黄花梨宝瓶式站牙提盒

长40厘米，宽23.5厘米，高25.5厘米

（中贸圣佳国际拍卖有限公司，2018年秋季）

2. 黄花梨双牙纹提盒

黄花梨双牙纹提盒（图10-9）特点：

（1）盒体为两撞。盒口沿饰宽皮条线。

（2）站牙透雕双牙纹（图10-9-1），双牙内面已为平
直状，是一般双牙云纹的发展式。

此类黄花梨、紫檀双牙纹提盒存世颇丰。

提盒多光素，形制变化小，但通过站牙可以发现其
年代所属。细部是使用类型学原理观察家具年代的
特征点，如站牙等部位。早期站牙为宝瓶形；晚期
往往雕螭龙纹或螭凤纹；更晚期站牙上的螭龙纹或
螭凤纹或被简化，或被繁化，或被变异，简化者如
双牙纹和变异双牙纹。同时，两撞式提盒的年份可
能偏早也可能偏晚，而四撞式提盒的年份一定偏晚。
此式样提盒在闽苏两地均有制作。此提盒有较强的
莆田地方家具风格。

图10-8　清乾隆　《乾隆帝妃像》中的提盒
（故宫博物院藏）

图10-9-1　黄花梨双牙纹提
盒站牙上的双牙纹

图10-9　清早中期　黄花梨双牙纹提盒

长34.5厘米，宽19厘米，高22.5厘米

（广东伍炳亮黄花梨艺术博物馆藏）

第三节　多抽屉箱（药箱）式

上开门者称为"箱"。药箱是侧开门，似应称为"柜"。但它是板材相连结构，不同于以柜框为腿、中间装板的柜子。同时，为遵循约定俗成的叫法，依然称之为箱。

1．紫檀多抽屉箱

紫檀多抽屉箱（图10-10）特点：

（1）上有罗锅枨式提手。

（2）插门式，箱门可拆下，装上时以锁舌锁死，上框有榫眼。

（3）门内有大中小五种尺寸的抽屉（图10-10-1），共八个。

选用如此之小的箱子，可以说明更大体量的抽屉箱的功能，因为它们只是个头大小之分，抽屉多少之别。无疑，这种小抽屉箱就是女性的梳妆箱。此式样小箱在闽地、广地多有制作。

图10-10-1　紫檀多抽屉箱门内的抽屉

图10-10　清早期　紫檀多抽屉箱
长35厘米，宽23厘米，高23厘米
（香港两依藏博物馆藏）

2. 黄花梨多抽屉箱

黄花梨多抽屉箱（图10-11）特点：

（1）四周为板材，一对框门为一木所开，符合传统匠作做法。

（2）箱内有十三具抽屉（图10-11-1）。

这种大型箱子是多种用途的庋具，很难以"药箱"一名定义之。抽屉上有行家见过贴有中药名纸签的多抽屉箱，可以肯定其为药箱。多个抽屉中间的一格中空，无抽屉，此为供放药王孙思邈像处。孙思邈为唐初的著名民间道医，被后世人供奉为药王。药箱中的药王像与中药一起，成为居家疗病去疾的精神与物质资源。

此式样箱于闽、苏两地都有制作。在闽作家具中，有大量杂木制作同款多抽屉箱。

图10-11-1　黄花梨多抽屉箱门内的抽屉

图10-11　清早期　黄花梨多抽屉箱
长60.5厘米，宽40.2厘米，高68.2厘米
（中贸圣佳国际拍卖有限公司，2015年秋季）

3．黄花梨多抽屉箱

黄花梨多抽屉箱（图10-12）特点：

（1）四周为板材，一对柜门为一木所开，木纹美丽。

（2）尽管此种箱子以全排抽屉者为多，但遗物中，实有多种多样的内部构件。例如本例，上格中放置一个折叠棋盘（图10-12-1）；中部为两格，其中上格的一半有柜门；下部为一对并列的抽屉（图10-12-2）。

当然，还有的多抽屉箱的内部结构上部空间以隔板一分为二，下部置一对并排的抽屉；还有的上部和下部各有一对抽屉，中间置一隔板；还有的上部置一对抽屉，下仅有一隔板。结构多样，不一而足，用途可谓广泛。

此式样箱于闽、苏两地都有制作。

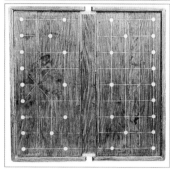

图10-12-1　折叠棋盘

图10-12-2　黄花梨多抽屉箱的内部结构

图10-12　清早期　黄花梨多抽屉箱

长59.7厘米，宽35.6厘米，高60.3厘米

（选自安思远：《洪氏所藏木器百图》，2005）

494

第十一章
小　件

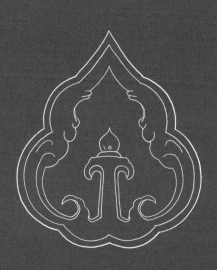

小件类仅收录笔筒、案上案几、承盘、小宝座、拜帖盒、香炉等。

第一节　笔筒式

1. 黄花梨玉兰花纹笔筒

黄花梨玉兰花纹笔筒（图11-1）特点：

（1）筒口为花口式，口沿被八分，并顺势在笔筒面上减地浮雕出四个不规则的开光。

（2）各开光内均浮雕一株玉兰花纹，花瓣和花叶边缘翻转，形象生动。

此式样笔筒在闽作家具中有制作。

2. 黄花梨螭龙玉兰花纹笔筒

黄花梨螭龙玉兰花纹笔筒（图11-2）特点：

（1）筒口为花口式，口沿被八分，并顺势在笔筒面上减地浮雕出四个开光。

（2）各开光内均浮雕螭龙纹和玉兰花纹。玉兰花有"玉堂富贵"之意，这种纹饰在大多数黄花梨家具上未曾出现，它的年代应晚于那些家具。它多见于泉州永春地区，年代自然偏晚。

此类笔筒上的螭龙纹与家具上常见的大口怒张的螭龙纹形象不同，雕工也嫌简略。头、爪、身、尾形态均失去黄花梨家具上螭龙纹鼎盛时期的风采。

此式样笔筒见于闽地。

图11-1　清中期　黄花梨玉兰花纹笔筒

长20厘米，宽20厘米，高21.5厘米

（香港两依藏博物馆藏）

图11-2　清中期　黄花梨螭龙玉兰花纹笔筒

长17厘米，宽17厘米，高18厘米

（香港两依藏博物馆藏）

3. 黄花梨梅花纹笔筒

黄花梨梅花纹笔筒（图11-3）特点：

（1）筒口为花口式，口沿被八分，并顺势在笔筒面上减地浮雕出四个开光。

（2）各开光内，分别浮雕梅花纹、茶花纹、玉兰纹、海棠花纹。四组花卉纹饰下，还有山石纹装饰笔筒底部一圈。变化多姿的纹饰表明此笔筒年代的偏晚。

此式样笔筒见于闽地。

4. 黄花梨树瘤纹笔筒

黄花梨树瘤纹笔筒（图11-4）特点：

（1）筒壁极厚。

（2）筒面四周雕树干表面的瘤状纹，取天然之趣。整器上瘤纹大小不一，凹凸不平，高低错落有致，是一种新的审美表现。

此式样笔筒在闽、苏等地均有制作。

图11-3 清中期 黄花梨梅花纹笔筒
长20厘米，宽20厘米，高18厘米
（中国嘉德国际拍卖有限公司，2015年春季）

图11-4 清中期 黄花梨树瘤纹笔筒
长17.5厘米，宽17.5厘米，高18厘米
（北京保利国际拍卖有限公司，2011年春季）

5. 黄花梨葵花口笔筒

黄花梨葵花口笔筒（图11-5）特点：

（1）口沿饰宽皮条线，筒身分为六瓣，有委角，上舒下收。

（2）底座呈台阶状，宽于筒身底部，也为葵花瓣状，与口部相呼应。

此式样笔筒在闽、苏等地均有制作。

6. 黄花梨光身笔筒

黄花梨光身笔筒（图11-6）特点：

（1）此笔筒口径超大，为36厘米，应为喜爱豪放用材的地区所制。

（2）壁厚达3.2厘米，笔筒底厚达5厘米。

光身笔筒在苏、闽等地均有制作，因为浑身光素，俗称"光身"。

图11-5 黄花梨葵花口笔筒
长18厘米了，宽18厘米，高18厘米
（北京私人藏）

图11-6 清早期 黄花梨光身笔筒
长36厘米，宽36厘米，高24.5厘米
（香港两依藏博物馆藏）

第二节　案上几案式

1. 龙眼木板腿小翘头几案

龙眼木板腿小翘头几案（图11-7）特点：

（1）由龙眼木制作，虎皮斑纹华美绚丽。

（2）案面为独板，板足向外斜撇，呈微微的三弯形，以插肩榫与牙板、案面接合。

（3）板腿上，壶门式透光中挖如意（云头）纹。开光、如意（云头）纹均不饰线脚。

福建地区，龙眼木和鸡翅木制作的此式样小翘头案有一定数量，算常见器物。

苏作榉木家具中也有独板案面、板腿式样小翘头几案，但不是此种微微三弯腿式样，而是直腿式样。闽作家具中常有这种略带妖娆之态的作品。

2. 黄花梨板腿小翘头几案

黄花梨板腿小翘头几案（图11-8、图11-8-1、图11-8-2）特点：

（1）案面为独板，三弯状板足向外斜撇，以插肩榫与牙板、案面相连。

（2）板足上有壶门式透光，中挖如意（云头）纹。如意（云头）纹上不饰线脚。

依据龙眼木板腿小翘头几案（图11-7），可以推断此式样黄花梨板腿小翘头几案为闽作家具。

图11-7　明末清初　龙眼木板腿小翘头几案
长40厘米，宽14.6厘米，高15.1厘米
（佳士得香港有限公司，2012年11月）

图11-8 明末清初 黄花梨板腿小翘头几案
长49厘米，宽19.5厘米，高17厘米
（中贸圣佳国际拍卖有限公司，2016年秋季）

图11-8-1 黄花梨板腿小翘头几案正面

图11-8-2 黄花梨板腿小翘头
几案侧面

3．紫檀独板小条几

紫檀独板小条几（图11-9）特点：

（1）几面为独板。几面与板腿格角相接。

（2）板腿与内卷足一木连做（图11-9-1），内卷足
尖挑处极大，这需要大料而为，惜材料者不可为之。

此式样条几多为福建地区制作。

图11-9-1　紫檀
独板小条几的足部

图11-9　清早中期　紫檀独板小条几
长45.5厘米，宽23厘米，高15.5厘米
（浙江清风山房藏）

第三节　承盘式

1. 鸡翅木承盘

鸡翅木承盘（图11-10）特点：

（1）以四根望柱作为角柱。整体成长方体结构，分为上下两部分，上为盘，下为带抽屉的小柜。

（2）上部每面围栏攒风车纹，各三组。柜顶面自然成为盘底。

（3）下部正面有一对抽屉。侧面、后面、三面柜帮均用独板，不同于常规的攒框装板做法。王世襄称"它为制作墙柱结构家具提供了一种值得注意的做法"。王先生十分敏锐，但是，并没有考虑到这是一种地域性的特点，这个做法就是闽作家具的特色做法。

（4）柜框出明榫，工艺略粗，为闽北山区特色。闽北地区家具上习惯用出榫做法。

王世襄说："都承盘有时写作'都丞盘''都盛盘'或'都珍盘'。[①]"今天我们可以简称之为承盘。各类承盘主要用于盛放梳妆和日常用品。只是此承盘带有柜体，或为一种特殊的承盘。

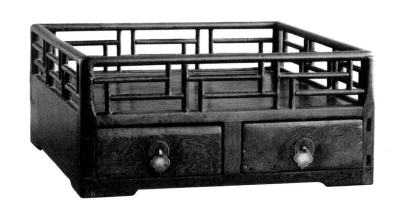

图11-10　清　鸡翅木都承盘

长35.4厘米，宽35.4厘米，高15.4厘米

（选自王世襄：《明式家具珍赏》，文物出版社，2003）

---

① 王世襄：《明式家具研究》文学卷，三联书店（香港）有限公司，1989，第91页。

第四节　小宝座式

1. 龙眼木小宝座

龙眼木小宝座（图11-11）特点：

（1）三面围子均为独板。后面围子上沿为罗锅枨式轮廓，中段高，两端有下凹形弧线，突显曲线柔和的变化。侧围子上沿为半个罗锅枨状曲线。下凹的弧线消解了宽大的围子的单调感，带来流动的圆润感。

（2）座面为独板，面沿为混面。

（3）矮束腰与膨牙板、大弯马蹄腿一木连做。

（4）足下托泥为罗锅枨式。

此宝座为龙眼木制，为闽地独有的家具材质。

此龙眼木宝座年代虽晚，但它像是一个小小的注脚，可以说明"罗锅枨式"曲线的三围子罗汉床为莆田仙游等地制作。

图11-11　清　龙眼木小宝座
长19厘米，宽13.8厘米，高10厘米
（中国嘉德国际拍卖有限公司，2014年秋季）

第五节　拜帖盒式

1. 紫檀拜帖盒

紫檀拜帖盒（图11-12）特点：

（1）首先，应注意这种盒子的尺寸，一般长20至30多厘米，宽10余厘米，高几厘米，这就是传统所说的拜帖盒，又称"拜帖""帖盒"。拜帖盒有大量的遗存，可见当年使用之众。

（2）拜帖是古人拜访别人时所用的名帖，拜帖盒自然是一种包装用具。但什么时候要用上这种豪奢的黄花梨、紫檀的木盒则另有含义。其实，拜帖盒多用于放置婚嫁用帖，只有此时，包装用具才如此尊贵而豪华，郑重其事。一般拜访不会用如此昂贵的包装。

在不同材质的拜帖盒上，有喜鹊登梅、五子登科等纹饰，表明其为婚嫁之用具。浙江宁波、绍兴地区的红漆家具中，拜帖盒是用于婚姻"六礼"活动中的必备用具。

古代男婚女嫁中，有"六礼"的规定，即纳采、问名、纳吉、纳征、请期、亲迎。这其中需要各种帖子。

如第三个环节"纳吉"和第四个环节"纳征"往往一并进行。这是订婚的主要环节，也就是男方向女方送聘金的环节。这一环节中，双方都用红纸帖，上面描金画龙凤，也叫"龙凤书帖"。

第五个环节"请期"，是男方家派人到女方家去通知成亲迎娶的日期，俗称"送日头"或"提日"。具体方法是男方家选定结婚佳期，用红纸帖子书写男方生辰，并将过礼日、迎娶日等有关事项一一写明。由媒人或男方送到女方家。如女方同意婚事，便在红纸上写上女方的生辰，表示同意男方迎娶。女方如不同意这门婚事，便叫人将帖子送回。

这些帖子一般放在一只贵重的拜帖盒（硬木或大漆材质）中，以视珍重。双方的过帖就是婚姻的证书，是对男女双方都有法律效应的文书和证件。所以，当时整个社会都非常重视，所用拜帖盒也格外贵重。黄花梨等珍贵木材制作的拜帖盒就是如此产生的。

此类拜帖盒在闽、苏等地均有制作。

图11-12　清　紫檀拜帖盒
长35厘米，宽11.8厘米，高6.3厘米
（香港两依藏博物馆藏）

第六节　香炉式

1. 黄花梨钵形香炉

黄花梨钵形香炉（图11-13）特点：

（1）为一木整挖，有圆厚的炉唇。

（2）腹部饱满，有圈足。炉中有金属内胆，以防焚香料时烧伤得炉。整体造型敦厚，但线条优美，为木制香炉中的上品。

此式样香炉在闽、苏等地均有制作。

图11-13　清　黄花梨钵形香炉
长19厘米，宽19厘米，高10.7厘米
（香港两依藏博物馆藏）

引用文献

图 书

（战国）管仲：《管子》，上海古籍出版社，2015。

（战国）荀况：《荀子》，上海古籍出版社，1989。

（汉）戴圣：《仪礼》，上海古籍出版社，2016。

（宋）黄岩孙：《仙溪志》，福建人民出版社，1989。

（明）范濂：《云间据目抄》卷二《记风俗》，江苏广陵古籍刻印社，1983。

（明）钱谦益：《震川先生文集序》，载（明）归有光《震川先生集》，上海古籍出版社，2007。

（明）张燮：《东西洋考》，中华书局，1981。

（明）高濂：《遵生八笺》，黄山书社，2010。

（明）郑岳：《山斋文集》，载清乾隆《莆田县志》卷二《风俗记》。

（明）王士性：《广志绎》卷二《元明史料笔记丛刊》，中华书局，1981。

（明）王世懋：《闽部疏》，载《续修四库全书本》。

（明）吴伟业：《吴梅村全集》卷一，上海古籍出版社，1990。

（明）李鼎：《李长卿集》卷一十九，万历四十年豫章李氏家刻本。

（明）张燮：《东西洋考》，中华书局，1981。

（明）嘉靖《安溪县志》风俗。

（明）嘉靖《龙岩县志》，龙岩市新罗区地方志编纂委员校注，中国文史出版社，2018。

（明）袁业泗：万历《漳州府志》卷二十七。

（明）阳思谦、黄凤翔：万历《泉州府志》。

（明）张燮：崇祯《海澄县志》风土志。

（明）谢彬：崇祯《漳州府志》。

（清）顾炎武：《天下郡国利病书》卷九十六《福建六·傅元初请开洋禁疏》，上海古籍出版社，2012。

（清）康熙《建阳县志》卷一《舆地志·风俗》，康熙四十二年刊本。

（清）刘佑修、叶献论：康熙《南安县志》卷十九《杂志》。

（清）余正健：《三山会馆天后宫记》，载《吴县志》卷一百零六，乾隆年间刊本。

（清）《雍正朱批谕旨》，雍正元年五月四日何天培奏。

（清）《雍正朱批谕旨》卷二百，《雍正元年四月五日胡凤翠奏之二》。

（清）《内务府造办处各作成做活计清档》（雍正七年五月二十八日），台北故宫博物院，2003。

（清）《四库全书总目提要》卷七八，史部三四，地理卷。

（清）徐景熹：乾隆《福州府志》卷二十四《风俗》。

（清）金廷烈：乾隆《澄海县志》卷十九，1959年油印本。

（清）乾隆《镇洋县志》卷一《风俗》，乾隆年间刊本。

（清）郭起元：《论闽省务本省用书》，载清同治《福建通志》卷五十五《风俗》。

吴曾祺：《涵芬楼文谈》，上海商务印书馆，1913。

林徽因：《清式营造则例绪论》，载梁思成《清式营造则例》，中国建筑工业出版社，1981。

黄仲明：《八闽通志》卷首，北京图书出版社，1988。

俞伟超：《考古学是什么》，中国社会科学出版社，1996。

刘海峰、庄明水：《福建教育史》，福建教育出版社，1996。

张岱年：《中国文史百科》，浙江人民出版社，1998。

孙大章：《中国民居研究》，中国建筑工业出版社，2004。

王世襄：《明式家具研究》文字卷，三联书店（香港）有限公司，2008。

梁启超：《清代学术概论》，中华书局，2010。

张中行：《负暄三话》，中华书局，2012。

王鹤鸣、王澄：《中国祠堂通论》，上海古籍出版社，2013。

张辉：《明式家具图案研究》，故宫出版社，2017。

陈乃明：《江南明式家具过眼录》，浙江人民美术出版社，2019。

（法）布罗代尔：《文明史纲》，肖昶、冯棠、张文英等译，广西师范大学出版社，2001。

（德）贡德·弗兰克：《白银资本：重视经济全球化中的东方》，刘北成译，中央编译出版社，2001。

文 章

张五生、徐良玉：《江苏邗江五代墓清理简报》，《文物》1980 年第 8 期。

樊树志：《"全球化"视野下的晚明》，《复旦学报（社会科学版）》，2003 年第 1 期。

范金民：《明清时期江南与福建广东的经济联系》，《福建师范大学学报（哲学社会科学版）》2004 年第 1 期。

徐晓望：《晚明福建与江浙的区域贸易》，《福建师范大学学报（哲学社会科学版）》2004 年第 1 期。

徐泓：《明代福建社会风气的变迁》，《浙江学刊》2007 年第 5 期。

徐晓望：《论明代福建商人的海洋开拓》，《福建师范大学学报》2009 年 1 期。

郭培贵、蔡惠茹：《论福建科举在明代的领先地位及其成因》，《福建师范大学学报》2013 年第 6 期。

李世愉：《清代科举与闽都文化》，《闽江学院学报》2013 年 5 月。

戴显群：《清代福建科举与科名的地理分布特点》，《福建论坛（人文社会科学版）》2013 年第 7 期。

阮其山：《明代莆阳牌坊扫描》，《莆田晚报》2014 年 3 月 2 日。

代亮：《清初遗民寿序的新变及其意义》，《苏州大学学报（哲学社会科学版）》2016 年第 4 期。

谢海潮：《从明代科举看阶层流动》，《福建日报》2018 年 1 月 18 日。

朱泽宝：《论明清鼎革与寿序文演变的新趋势》，《文学研究》2018 年第 2 期。

鸣　谢

刘传芝先生

陈永灿先生
（左为作者）

傅仰敏先生

后 记

在此书尾，笔者想重温一段历史。

20世纪20年代，政商巨子朱启钤一心投入了传统土木营造研究，创立中国营造学社。这是中国第一个研究古建筑的学术机构。梁思成、刘敦桢为主要干将。

当他们想沿用传统学术套路有所作为时，才知道，古代中国，没有人认真记载过土木工程，包括文字和图绘。"专门术语，未必能一一传之文字。文字所传，亦未必尽与工师之解释相符……历代文人用语，往往使实质与词藻不分，辨其程限，殊难确凿。[①]"。工程之事，历来依靠工匠师徒口口相传。文人没有兴趣、也没有能力从事百工之事。制作类文化成果均为世代工匠所为，几千年如此。

梁思成也称：偶有古代建筑营作相关的文献，后人览之，"则隐约之印象，及美丽之词藻，调谐之音节耳。读者虽读破万卷，于建筑物之真正印象，绝不能有所得。"诗词歌赋中的楼堂馆舍大概是作者的写意画，不求形似。同时，"盖建筑之术，已臻繁复，非受实际训练，毕生役其事者，无能为力。[②]"建筑不是文人骚客所搞的文学艺术，可在茶余酒后，随便玩玩。

中国建筑学，此前，实际是一片空白。

煌煌中华古代建筑，宏伟精丽。今日回首，何其辉煌，拍拍脑袋一想，也应是文化人参与指导、亲自设计。然而，历史就是那么残酷。土木营造实乃"匠人之术"也。于是，这几位缙绅望士放下架子，径直去求教民间艺匠，"所与往还者，颇有坊巷编氓，匠师耆宿。聆其所说，实有学士大夫所不屑闻，古今载籍所不经觑。而此辈口耳相传，转更足珍者。于是蓄志旁搜，零闻片语，残鳞断爪，皆宝若拱璧。"工匠们的只言片语，被他们视为无价之宝，转而融入现代科学的框架中。

开创性的思维和举动，成就开创性的学术。梁思成从北京故宫建筑入手，博征技师、请教名匠，耳聆手记，逐渐接近了中国古代建筑的堂奥。1934年，其首部著作《清式营造则例》出版，这是近代文化人研究中国古代工程制作的第一份成果。

笔者曾在《中国的匠学——伟大与悲哀 沉沦与复兴》一文中说："包括古典家具在内的各类古代工艺制作的'匠学''匠术'，被中国知识界关注、研究，风云际会，出现在20世纪30年代，背景是现代西方科学体系登陆我华。

[①] 朱启钤：《中国营造学社开会演词》，《中国营造学社汇刊》一卷一期。
[②] 梁思成：《中国建筑史》，百花文艺出版社，1999。

其研究模式是：一批受过现代教育、致力复兴、弘扬中华文化的仁人志士，实地勘察实物，广搜博集实物及文献资料；求教'匠师耆宿，聆其所说''口传身授'；以西方现代科学体系作为记录、诠释的手段，探讨古代器物的内在规律。"其要素一为考察（地上和地下）实物，二为请教匠师，三为研读文献，可称为"三重研究法"。

朱启钤先生、梁思成先生开启了这种学术法门，是传世营造学问研究的圭臬。营造学社的治学理念、治学方法、治学态度，我辈应永日景仰，有所作为。

承蒙古典家具行业的行家、专家们的鼎助，本人开立"闽作明清家具研究"课题，初步成果见于此书，自美为薪火相传。在此，特别感念朋友们的热心和指教，其情殷殷。刘传芝先生、陈永灿先生、傅仰敏先生、傅志强先生以及业界其他先进，指导之高谊，恩我良多。

有关机构、藏家惠赐各类资料，不胜铭感。本书出版编辑中，承蒙纪亮先生、樊菲女士支持，谨致谢忱。感谢马书先生提供家具效果图、北京知凡文化艺术有限公司装帧设计。本书引用一些书籍中的图片，均已尊敬地注明出处，再拜致敬。

张辉

2021年4月